高等教育创新型人才培养规划教材——化学类
新世纪广西高等教育教学改革工程项目研究成果
广西师范学院化学博士点建设经费资助

化学综合创新实验

——基于广西特色优质资源的开发利用

主　编　何英姿
副主编　盛家荣　刘红星
编　委　梁利芳　莫羡忠　马建强
　　　　赵星华　蒙丽丽　郑广俭

西南交通大学出版社
·成都·

图书在版编目（CIP）数据

化学综合创新实验：基于广西特色优质资源的开发利用 / 何英姿主编. —成都：西南交通大学出版社，2014.1

高等教育创新型人才培养规划教材. 化学类

ISBN 978-7-5643-2850-4

Ⅰ. ①化… Ⅱ. ①何… Ⅲ. ①化学实验–高等学校–教材 Ⅳ. ①O6-3

中国版本图书馆 CIP 数据核字（2014）第 018603 号

高等教育创新型人才培养规划教材——化学类

化学综合创新实验
—— 基于广西特色优质资源的开发利用

主编　何英姿

责任编辑	王　旻
助理编辑	罗在伟
封面设计	原谋书装
出版发行	西南交通大学出版社
	（四川省成都市金牛区交大路 146 号）
发行部电话	028-87600564　028-87600533
邮政编码	610031
网　　址	http://press.swjtu.edu.cn
印　　刷	四川川印印刷有限公司
成品尺寸	170 mm × 230 mm
印　　张	9.5
字　　数	171 千字
版　　次	2014 年 1 月第 1 版
印　　次	2014 年 1 月第 1 次
书　　号	ISBN 978-7-5643-2850-4
定　　价	22.00 元

图书如有印装质量问题　本社负责退换
版权所有　盗版必究　举报电话：028-87600562

前 言

《化学综合创新实验——基于广西特色优质资源的开发利用》一书是依据广西师范学院化学与生命科学学院的教师们所进行的科学研究和应用课题，以广西特色优质资源为实验选材而编写出版的，全书分为矿产篇、水果篇、茶叶篇、中草药篇和特色篇，共计25个实验项目，可以说是集中代表性地反映了广西特色优质资源的独特优势以及广西师范学院化学与生命科学学院老师们的科研成果。

我们在编写本书时，着力于突出两个特色。其一是突出地方特色。实验选材主要以广西当地特色、优势、优质资源为主。因此，在广西众多特色优质资源中，我们选择了广西矿产资源、水果资源、茶叶资源、中草药资源和大宗特色资源加以介绍，其中包括平果大型铝土矿、百色"桂七香芒"、梧州六堡茶、苗药酢浆草、横县茉莉花等。除了文字描述外，还精心选择了一些图片进行辅助说明。其二是突出实用的特色。我们在编写本书时，在努力提高其学术价值的同时，特别注意突出其实验教学应用的特点，在每个实验项目中，除了介绍实验原理、实验步骤等常规外，还选择了该项目的实验选材作为背景知识加以介绍，为读者提供了更多的参考，更好地指导实验教学。这对于扩大广西特色优质资源的开发利用，提高其应用价值，是具有重要意义的。

参加本书编写的主要是广西师范学院化学与生命科学学院的教师，他们中4名是化学博士，6名是教授，3名是副教授，都是长期从事大学化学实验教学、科研和应用研究的专家。此外，有机化学专业2011级研究生王晓同学和应用化学专业2012级研究生邱雪景同学对本书文稿的汇总、校对、编排及插图整理等，做了大量的工作，付出了辛勤的劳动。正是因为有了大家共同的努力，才使本书编著工作得以顺利进行并保证了本书的编写质量。

我们在编写出版本书过程中，得到广西师范学院研究生处、教务处的大力支持，得到广西师范学院化学博士点建设经费的资助，得到西南交通大学出版社的关心和帮助，特别是广西师范学院副院长黄初升教授，审阅全部书稿并提出了许多宝贵的修改意见，在此一并表示衷心的感谢！

鉴于编者的学术水平，相关资料比较缺乏等局限，书中不妥之处在所难免，期待同行专家学者及广大读者不吝指教。

编　者

2013 年 10 月

目 录

矿产篇

广西矿产资源简介 ·· 1
实验一　高温固相法合成 $LiMn_2O_4$ ·· 5
实验二　$NaYF_4$ 的水热合成及其形貌分析 ·· 8
实验三　从铝土矿中提取氧化铝的实验研究 ··· 12
实验四　$Li_4Mn_5O_{12}$ 锂离子筛的制备及性能测定 ································· 15
实验五　地质聚合物基植物纤维复合材料的性能研究 ··························· 18

水果篇

广西水果资源简介 ··· 24
实验六　保鲜剂对香蕉的保鲜作用研究 ··· 28
实验七　荔枝叶片中几种抗氧化酶活性的研究 ····································· 31
实验八　桂七香芒成熟期营养成分的变化研究 ····································· 37
实验九　富川脐橙果实中四种蔗糖代谢酶活性研究 ······························ 42
实验十　双水相法提取葡萄皮渣中的白藜芦醇 ····································· 49

茶叶篇

广西茶叶资源简介 ··· 54
实验十一　黑茶陈化过程中果胶酶及相关生化成分的变化 ··················· 57
实验十二　广西六堡茶中咖啡因的提取和含量测定 ······························ 63
实验十三　六堡茶中茶褐素的提取工艺研究 ·· 69
实验十四　野生石崖茶中总黄酮的提取及含量测定 ······························ 73
实验十五　凌云白毫中茶多酚的提取及含量测定 ································· 76

中草药篇

广西中草药资源简介 ··· 79
实验十六　广西南板蓝根多糖成分的提取和脱脂工艺 ················ 83
实验十七　桂皮、桂枝、桂叶挥发油化学成分的GC-MS分析 ········· 87
实验十八　姜黄素类化合物的提取及总含量测定 ···················· 90
实验十九　苗药酢浆草提取物的抗氧化活性研究 ···················· 93
实验二十　具有杀虫活性1—（3—甲氧基—4—羟基苯基）—7—
　　　　　（4—羟基苯基）—1，6—庚二烯—3，5—二酮天然
　　　　　化合物的全合成 ······································· 96

特色篇

广西大宗特色资源简介 ··· 103
实验二十一　红皮甘蔗蔗皮红色素的提取及其稳定性分析 ·········· 109
实验二十二　茉莉花渣中微量元素的测定 ·························· 112
实验二十三　壳聚糖磷酸酯钾的合成及在农业上的应用研究 ········ 115
实验二十四　热塑性木薯淀粉复合材料的制备和性能研究 ·········· 119
实验二十五　单酯法合成三氯蔗糖的研究 ·························· 122
附录　大型仪器设备简介 ··· 126

矿产篇

广西矿产资源简介

广西地下矿产资源非常丰富。早在南宋，周去非在《岭外代答》中就提到广西的许多州县蕴藏有黄金、银、丹砂（汞）、铜、滑石等矿产。明清时代的地方志书，所载各地矿点，为数更多。广西矿产资源的特点是矿种多、储量大、不同矿产分别集中富集在相关的区（带）之中。除了油气少、煤层薄煤质较差、少富铁富铜矿以外，其它矿种都较齐全，广西矿产资源保有资源储量位居全国前10位的矿产就有64种之多，其中位居全国前茅的优势矿产有锰、锑、锡、铝、钨、铀、铅锌、金、铟、钛、稀土、高岭土、重晶石、滑石、膨润土等，素有"有色金属之乡"的美誉。此外，水泥用灰岩和花岗石、大理石矿质优量大，镍、钼、银等有色、贵金属矿产也有较大远景，建材及非金属矿产的资源量更大。其中，保有资源储量居全国第一位的有锰、锑；居第二位的有锡、离子型稀土、水泥用灰岩；居第三位的有重晶石、独居石（轻稀土）、饰面用花岗岩（包括辉绿岩）；居第四位的有钨和铝；居第五位的有锌、银、高岭土和滑石。全区14个市均有矿产资源分布，其中，铝土矿、锰矿主要分布于桂西百色、崇左地区，锡、铅、锌等主要分布在桂西北河池地区，高岭土主要分布在桂南北海地区，水泥用灰岩、重晶石等主要分布在桂中柳州、贵港、来宾地区，花岗岩石材、钛铁矿等主要分布在桂东梧州、贺州地区，煤矿主要分布在桂西百色和桂中来宾合山等地区。

铀矿：已探明矿床24个（其中大型1个、中型7个、小型16个），发现矿点96个，矿化点152个，异常点244个，探明资源/储量22 935 t。广西已被列为国家"十一五"铀矿资源勘查大基地之一。

铝土矿：在广西已发现有两种工业类型的堆积铝土矿床，即一水硬铝石型铝土矿床和高铁三水铝石型铝土矿床。一水硬铝石铝土矿床，主要集中分布在桂西地区，累计探明矿石资源/储量近 7 亿 t，现仍在开展勘查工作，预期在该区可探明资源/储量达 10 亿 t 以上。近年在平果县发现的大型铝矿（图 1），储量达 2 亿 t，而且质量优异，含氧化铝成分高达 60%~70%，高于河南省、贵州省的铝土矿品位，与世界上产铝称著的法国、几内亚、牙买加、澳大利亚等国的大型铝土矿质量相比也毫不逊色。高铁三水铝土矿床，主要集中分布在桂中地区的宾阳、横县、贵港、来宾市，矿石特点是铁、铝共生，Fe_2O_3 + Al_2O_3 含量高达 60%~65%，其中铝矿物中三水铝石占 85% 左右。已初步探明大型矿床两处、中小型矿床 10 多处，探明资源量 1.4 亿 t，预测潜在资源量 2 亿 t 以上。

图 1　广西探明 2 亿 t 超大型铝土矿

锰矿：广西有 14 个含锰层位，主要的有 7 个，重要的 4 个，有氧化锰矿和碳酸锰矿两种矿石类型，已发现锰矿产地 138 处，其中氧化锰矿床 39 处（大型矿床 1 处，中型 11 处，小型 27 处），碳酸锰矿床 8 处（大型矿床 2 处，中型 3 处，小型 3 处）。保有资源/储量 2.46 亿 t。分布于桂西南、桂中及桂东南地区，少量布于桂东北地区。目前氧化锰矿床已基本查明，但对碳酸锰矿的勘查工作不全面、不系统，在桂西、桂中地区，碳酸锰矿资源潜力较大，预测潜在碳酸锰矿资源量 2 亿 t。

锡矿：有锡矿产地 141 处，其中特大型矿床 1 处，大型矿床 12 处，中型矿床 12 处，小型矿床 32 处，矿点 85 处，保有资源/储量 139 万 t，主要分布在河池、柳州、贺州、桂林地区。近年来锡矿勘查取得一定的成果，发现多个矿床（点），预测锡潜在资源量达10万t。

铅锌矿：有矿产地330处，其中特大型矿床1处，大型矿床5处，中型矿床13处，小型矿床53处，矿点215处，产地遍布全区，但主要分布在河池、柳州、梧州、贵港地区。保有资源/储量943万t，具有良好的铅锌成矿地质条件，铅锌资源潜力较大，预测潜在资源量大于700万t。

钨矿：有矿产地121处，其中大型矿床3处，中型矿床5处，小型矿床14处，矿点101处，主要分布在桂中南、桂东南、桂东北和桂北地区。保有资源/储量43万t。近年发现的陆州米场、博白三叉冲、兴安油麻岭等钨矿床、矿点和一批矿化异常带，显示出良好的找矿远景，预测钨矿潜在资源量8万t。

金矿：有矿产地300多处，矿床类型主要有次火山岩型、破碎带蚀变岩型、微细粒浸染型和石英脉型。其中大型矿床1处，中型矿床5处，小型矿床36处，矿点290处，产地多，分布广，主要分布在桂西、桂东南和桂东北地区。保有资源/储量 169 t。广西分布很广，资源潜力较大，预测金矿潜在资源量100 t以上。

锑矿：有矿产地107处，主要为热液型矿床。其中大型矿床2处，中型矿床8处，小型矿床9处，矿点90处，主要分布在桂西北地区，少量分布在桂东北和桂中地区。保有资源/储量70万t。广西锑矿成矿条件好，尽管矿床以小型规模为主，但分布广，资源潜力较大，预测锑矿潜在资源量 20 万 t以上。

镍矿：有矿产地20多处，主要是岩浆熔离型和接触破碎带型矿床。其中中型矿床1处，小型矿床10处，矿点10多处，主要分布在桂北地区。保有资源/储量5.08万t。近年在桂北地区发现较好的矿床，预测镍矿潜在资源量10万t以上。

稀土矿：有矿产地45处，矿床类型有矿物型和离子吸附型两种。其中大型矿床5处，中型矿床15处，小型矿床25处，主要分布在桂东北、桂东南和桂南地区。保有资源/储量110万t。广西是我国稀土矿储量较多的省份，但多年来未曾开展勘查工作，除了个别矿床以外，绝大部分矿床的勘查程度很低，在广西东部，凡有中酸性—酸性岩出露的丘陵区，都有可能存在稀土矿床，资源潜力大，预测潜在资源量40万t。

钛铁矿：有钛铁砂矿产地15处，矿床类型有风化壳型和洪、冲积型两种。其中大型矿床7处，中型矿床3处，小型矿床5处，矿点10多处，主要分布在桂东南、桂西和桂南地区。保有资源/储量1 350万t。广西钛铁砂矿的成矿条件较好，凡有基性、中性、中酸性岩出露的丘陵区，都有可能存在钛铁砂矿床，资源潜力大，预测潜在资源量1000万t。

高岭土矿：有矿产地12处，有岩体风化壳型（砂质高岭土）矿床和沉积型高岭土（软质高岭土）矿床两种类型。其中特大型矿床1处，大型矿床1处，小型矿床10处，主要分布在桂东南地区。保有资源/储量8.75亿t，预测资源量20亿t以上。

重晶石矿：有矿产地86处，其中大型矿床1处，中型矿床6处，小型矿床14处，矿点76处，主要分布在来宾市和柳州市。保有资源/储量6 650万吨。重晶石矿是广西重要的矿产资源，分布较广，资源潜力较大，预测潜在资源量1 000万t。

滑石矿：有矿产地17处，矿床类型有超基性岩蚀变和碳酸盐岩蚀变两类。其中大型矿床2处，中型矿床2处，小型矿床4处，矿点6处，主要分布在龙胜县和上林县。保有资源/储量3 414万t，预测潜在资源量4 000万t。

膨润土矿：有矿产地4处，其中特大型矿床1处，中型矿床2处，小型矿床3处，主要分布在宁明县、田东县和宜州市。保有资源/储量697亿t。近年在宜州等地有新发现，找矿潜力尚好，预测潜在资源量300万t。

石灰岩矿：广西石灰岩矿有49处，其中大型矿床14处，中型矿床22处，小型矿床13处，产地遍布全区。广西石灰岩矿极为丰富，据预测，资源总量达8万亿t。

实验一 高温固相法合成 $LiMn_2O_4$

【背景知识】

近年来，由于电子学的发展，便携式电器不断向小型、轻质量方向转变。能量密度高、寿命长的锂离子二次电池备受关注，它不仅保持了锂电池的主要优点，而且因不再使用金属锂而大大提高了电池的安全性和循环性能，具有密度高、电压高、自放电小、工作温度范围宽、循环寿命长、安全可靠等优点，目前已成为化学电源领域的研究热点。

锂离子二次电池主要是由正极、负极、电解质三大材料组成，正负极分别由两个能可逆的嵌入与脱嵌锂离子的化合物构成。锂离子电池的负极一般采用改性石墨等碳材，碳负极材料的研究已取得很大进展，其容量也突破了石墨插层化合物（C_6Li）的嵌锂理论值。正极材料主要是锂与过渡金属氧化物形成的嵌入式化合物，如 $LiCoO_2$、$LiNiO_2$、$LiVO_2$、$LiMn_2O_4$、$LiMnO_2$ 等，是锂离子电池中锂离子的"储存库"。

1990 年，Sony 公司率先研制成功并实现商品化的锂离子电池，该电池采用层状 $LiCoO_2$ 作为正极材料，比能量与传统的铅酸电池和镍氢电池相比提高了 3 倍以上。目前商品化的锂离子电池几乎都采用 $LiCoO_2$ 作为正极材料。但是，$LiCoO_2$ 的容量一般被限制于 $125 mA·h·g^{-1}$，否则过充电将导致不可逆容量损失和极化电压增大，而且其价格高、有毒。因此，随着价廉且性能优异的正极材料研究的深入，$LiCoO_2$ 的使用量将逐渐减少。$LiNiO_2$ 是继 $LiCoO_2$ 后研究得较多的层状化合物，但合成条件苛刻。$LiVO_2$ 的价格较 $LiCoO_2$ 低，能够形成层状和尖晶石型化合物，但是在 Li^+ 脱嵌时，其结构变得不稳定从而限制了该化合物的应用。

锂锰氧化物包括尖晶石型 $Li_xMn_2O_4$、正交 $LiMnO_2$ 及层状 $LiMnO_2$，与以上几种正极材料相比，锂锰氧化物的资源丰富，价格不到钴的 10%，比容量大，工作电压高，耐过充/放电性能好，低毒，易回收，环境友好，被视为下一代锂离子二次电池最有希望的正极材料之一。

广西锰矿石具有类别齐全、量大、质优、保存完好、易开采等诸多优势。近几年，随着国内锰矿资源日益减少，广西锰矿资源优势逐步显现。2003 年，全区锰矿石产量达 140 万 t，锰系铁合金 58 万 t，电解金属锰 212 万 t，电解二氧化锰112万t，硫酸锰1 415万t。其中大新锰矿和天等锰矿是广西锰业的龙头企业，所生产电解金属锰、硫酸锰、放电锰粉、化工锰粉、冶金锰精矿、碳酸锰粉、烧结矿、碳酸锰焙烧矿、各种型号电池等主要产品销量居全国首位，已成为我国钢铁、轻、化工行业的重要锰产品材料基地。为了加大对锰加工企业进行整合的力度，广西正致力于建设3个锰业基地和4个以锰矿资源深加工为主导产业的工业园区。3个基地是：以生产高附加值的电解金属锰、电解二氧化锰、中低碳锰铁合金等锰系列产品为主的桂西南锰业基地；以生产锰系列铁合金产品为主的桂中锰业基地；以生产四氧化三锰、锰锌铁氧体及电子元器件、高锰低镍不锈钢等产品为主的沿海锰业基地。4个工业园区是：以金属锰、硫酸锰、锰系铁合金、金属锰粉、氮化锰等为主要产品的大新锰谷工业园，以发展金属锰、氮化锰、电解二氧化锰、锰系铁合金等为主要产品的天等东平锰工业园，以发展金属锰、锰系铁合金等为主要方向的靖西湖润锰工业园，以来料深加工为主的来宾工业园区，由此构成了一个比较完整的锰工业体系。

【实验目的】

（1）了解高温固相法合成锂离子电池的正极材料$LiMn_2O_4$。

（2）了解使用X射线粉末衍射法（XRD）确定产物的物相。

【实验要求】

（1）阅读给定的文献，并用关键词在网上数据库或在图书馆查阅相关的参考资料。

（2）制定研究方案，用高温固相法合成$LiMn_2O_4$，探讨合适的合成条件，利用X射线粉末衍射法（XRD）确定产物的物相。

（3）对研究的结果进行分析，并提交研究论文。

【实验提示】

1. 查阅资料的关键词

锂离子电池，正极材料，高温固相合成，$LiMn_2O_4$。

2. 主要参考资料

[1] 徐茶清，田彦文，伍继君，翟玉春，固相法制备尖晶石型$LiMn_2O_4$的电化学性能[J]. 东北大学学报（自然科学版），2005，26（7）：656-659.

[2] 姚经文，吴锋，尖晶石型$Li_{1-x}Mg_xMn_2O_4$正极材料的制备和性质[J]. 材料导报，2007，21（6）：144-148.

3. 实验过程

（1）反应条件

方法 1：以碳酸锂和二氧化锰为原料，按化学计量比称取，乙醇为分散剂，混合球磨一段时间后，烘干乙醇，然后研磨，放置在坩埚中，分别在 700 °C 和 800 °C 恒温保持一定时间，得到最终产品。

方法 2：以 Li_2CO_3 和 MnO_2 为原料，按化学计量比称取，混合并充分研磨，放置在坩埚中，在 450 °C 灼烧 12 h，自然冷却，研磨，最后在 800 °C 灼烧 25 h，自然冷却。灼烧过程均在空气中进行，将产物研细放入干燥器中备用。

（2）产物的表征

物相分析：利用粉末 X 射线粉末衍射仪测试样品的物相，得到 XRD 谱图。在 JCPDS 卡片集或粉末 X 射线粉末衍射仪随机数据库中查出尖晶石型 $LiMn_2O_4$ 的标准衍射数据，将样品所测试的 XRD 谱图与标准衍射图比较，确定产物是否为尖晶石型 $LiMn_2O_4$。

【仪器和试剂】

仪器：BS200S 电子天平，箱式马弗炉，坩埚，玛瑙研钵，粉末 X 射线粉末衍射仪。

试剂：Li_2CO_3（AR），MnO_2（AR），无水乙醇。

1. 高温固相法合成无机材料的原理。
2. 在固相合成法中如何让反应物充分混合？
3. 合成温度太高对产物有什么影响？用什么方法可以降低反应的温度？

实验二　NaYF₄的水热合成及其形貌分析

【背景知识】

由于在生物医学研究和临床治疗上的需求，光学成像技术在生物成像的应用方面发展迅猛，各种新手段、新材料、新方法不断涌现。近年来，随着各种功能强大的荧光探针的快速发展（如半导体纳米粒子、荧光蛋白、荧光有机分子等），光学成像技术越来越广泛应用于生物体内成像研究。但是，由于需要光作为成像的信息源，生物组织对光的高散射和高吸收成为制约光学成像技术在生物体内成像的主要障碍。一般来讲，生物组织对可见区（350～700 nm）和红外区（>1 000 nm）具有强的吸收性能，而对近红外区（650～1 000 nm）光的吸收很少，因此近红外光可以穿透生物组织的距离最大。采用近红外荧光探针可以对深层的组织和器官进行探测和成像，这是可见区荧光探针所不能比拟的。

迄今为止，近红外荧光探针的种类非常有限，几乎全部属于有机荧光染料，而有机荧光染料作为生物体内荧光探针有很多缺点：有机荧光染料容易被光漂白，不能长时间使用；有机染料不适合同时多色成像，大多数染料只能被特定的波长有效激发，需要多个激发光源才能实现多色显示；激发和发射波长不够稳定，容易随周围环境（如 pH 和温度等）而变化；长时间暴露在高能光源下还会造成生物组织的光损伤、蛋白质破坏和细胞死亡等。因此，新一代近红外荧光纳米粒子的开发必须满足这样的条件：制备方法简便，绿色无污染，原料成本低；发光稳定；荧光量子产率高；对生物体无毒害或危害极小；发射光必须在 650～1 000 nm 的近红外区；在生物体内、体外都能稳定存在，且容易修饰，有良好的生物兼容性和生物环境下的分散性；不需高能量光激发。

荧光上转换纳米粒子恰恰可以满足这些要求。荧光上转换纳米粒子吸收两个或两个以上的红外光子，发射一个可见光子或近红外光子。通过改变掺杂离子浓度，可以实现从紫光到近红外的发光调控。与量子点和有机荧光染料相比，荧光上转换纳米材料具有化学稳定性好、荧光量子产率高、毒性低、不会产生背景荧光、信噪比好等特点。最重要的是，荧光上转换纳米粒子的激发光为红外光（980 nm），这个波段的光在生物组织和血液中的吸收极低，是人体的透明窗口，因此可以用于检测更深层的生物组织情况，且不会对生物组织产生光损伤。此外，红外半导体激光器小巧紧凑、功率高、价格低廉，为荧光上转换纳米粒子的实际应用提供了良好的条件。以上这些优点使得荧光上转换纳米粒子在生物分析，特别是在生物体内成像上有着广阔的应用前景。

$NaLnF_4$（Ln = La，Gd 和 Y）稀土复合氟化物是一类具有较低声子能量、较好的稳定性的基质，其中在红外激光（980 nm）激发下的六方相 $NaYF_4:Yb^{3+}/Er^{3+}$ 被认为是具有高效率转换发光的荧光材料之一，长期以来一直受到青睐并应用于生物荧光探针的研究。$NaYF_4$ 稀土复合氟化物的传统合成方法是高温固相合成，这种合成方法需要比较复杂的设备以及严格的合成条件，否则很容易造成氧或者其它杂质的污染。自 20 世纪 70 年代软化学的概念被提出后，利用湿法合成稀土复合氟化物取得了一些结果，尤其在低温水热或溶剂热合成方面，得到各种形貌和大小颗粒的立方相和六方相 $NaYF_4$。

在 $NaYF_4:Yb^{3+}/Er^{3+}$ 上转换荧光材料中，Y^{3+}，Yb^{3+}，Er^{3+} 均为重稀土离子。我国稀土资源占世界的 80%，而且矿藏分布广，从南到北十多个省区均有，品种齐全，北偏轻稀土，南偏中重稀土。而南方的重稀土矿以江西、广东、福建、广西、云南地区的稀土离子吸附型矿为主，是中国特有稀土矿。广西的稀土资源丰富，含有稀土 17 种元素中的 15 种，稀土矿产资源主要有独居石、磷钇矿、离子吸附型稀土矿和伴生在钛铁矿、锰矿和铝土矿中的伴生矿，主要分布在上林、北流、贺州、陆川、崇左、钟山等地。

【实验目的】

（1）了解水热法合成 $NaYF_4$ 的原理和实验方法。

（2）了解使用 X 射线粉末衍射法（XRD）确定产物的物相。

（3）了解用扫描电子显微镜或透射电子显微镜观察合成样品的颗粒大小和形貌。

【实验要求】

（1）阅读给定的文献，并用关键词在网上数据库或在图书馆查阅相关的参考资料。

（2）制订研究方案，用水热法合成 $NaYF_4$ 微纳米粉，探讨合适的水热条件，合成纳米立方相 $NaYF_4$ 和微米六方相 $NaYF_4$，利用 X 射线粉末衍射法（XRD）确定产物的物相，并用扫描电子显微镜或透射电子显微镜观察所合成样品的颗粒大小和形貌。

（3）对研究的结果进行分析，并提交研究论文。

【实验提示】

1. 查阅资料的关键词
水热合成，$NaYF_4$。

2. 主要参考资料

[1] Lifang Liang, Mingmei Wu, Qiang Su et al., Enhanced blue and green Upconversion in Hydrothermally synthesized Hexagonal $NaY_{1-x}Yb_xF_4:Ln^{3+}$ (Ln^{3+} = Er^{3+} or Tm^{3+}). J. Alloys Compd., 2004, 368, 94-100.

[2] 梁利芳，庄健乐，吴昊等，水热合成六方相 $NaYbF_4$: Er^{3+}/Tm^{3+} 的上转换白光性质[J].发光学报，2008, 29 (6): 996-1002.

【实验过程】

1. 反应条件的选择

所有的复合氟化物 $NaYF_4$ 都是在水热条件下合成。将摩尔比例为 $3.00\ NaF:1.00\ Y(NO_3)_3:6.00\ NH_4HF_2:700\ H_2O$ 的混合物放在 23 mL 反应釜中（建议混合物体积控制在聚四氟乙烯衬底体积的 70%~80%，溶液 pH 控制在 3.0~3.5 范围），磁力搅拌至混合溶液均匀，封釜，放入一定温度的烘箱内反应一定时间，自然冷却至室温后开釜，样品抽滤并用去离子水洗涤，然后自然晾干，得白色粉末的化合物。

在观察反应条件对合成产物颗粒形貌的影响时，一定量的乙二胺四乙酸钠（EDTA）首先加入到稀土硝酸盐溶液中，形成稀土和 EDTA 的配合物，然后再加入其它的反应物质。

建议本实验考察反应温度和反应时间对合成产物的影响。反应釜分别在 60 °C, 140 °C, 220 °C 下放置 24 h；反应釜在 140 °C 下分别放置 12 h, 24 h, 36 h。

2. 产物的表征

物相分析：利用粉末 X 射线粉末衍射仪测试样品的物相，得到 XRD 谱图。在 JCPDS 卡片集或粉末 X 射线粉末衍射仪随机数据库中查出 $NaYF_4$ 立方相和六方相的标准衍射数据，将样品所测试的 XRD 谱图与标准衍射图比较，确定产物是否为 $NaYF_4$ 立方相和六方相。

形貌和颗粒大小分析：利用扫描电子显微镜或透射电子显微镜直接观察样品粒子的形貌和大小。

【仪器和试剂】

仪器：BS200S 电子天平，电炉，磁力搅拌器，聚四氟乙烯高压釜，循环水式多用真空泵，电热鼓风干燥器，粉末 X 射线粉末衍射仪，扫描电子显微镜或透射电子显微镜。

试剂：稀土氧化物（4N），氟化钠（AR），氟化氢铵（AR），氨水（AR），硝酸（AR），乙二胺四乙酸钠（AR）。

1. 简述水热法合成无机材料的原理。
2. 在水热法制备 $NaYF_4$ 粉体过程中，哪些因素影响产物的物相和颗粒大小？
3. 如何减少洗涤过程中产物的损失？说明原理。
4. 如何减少纳米粒子在干燥过程中的团聚？

实验三　从铝土矿中提取氧化铝的实验研究

【背景知识】

氧化铝，又称三氧化二铝，相对分子量102，通常称为"铝氧"，是一种白色无定形粉状物，俗称矾土，属原子晶体。它的流动性好，不溶于水，能溶解在熔融的冰晶石中。它是铝电解生产中的主要原料。作为新型高功能精细无机材料的纳米氧化铝，具有高强度、耐热、耐腐蚀等一系列的优异特性，广泛用于催化剂、精细陶瓷、复合材料等领域。

铝土矿实际上是指工业上能利用的，以三水铝石、一水软铝石或一水硬铝石为主要矿物所组成的矿石的统称。铝土矿的应用领域有金属和非金属两个方面，是生产金属铝的最佳原料，也是最主要的应用领域，其用量占世界铝土矿总产量的90%以上。铝土矿在非金属方面的用量所占比重虽小，但用途却十分广泛。

广西拥有丰富的铝土矿资源。广西铝土矿主要分布于桂西、桂中及桂西南地区。古风化壳型铝土矿和堆积型铝土矿，主要分布于桂西平果、田东、田阳、德保、靖西、那坡等县境内。广西桂西堆积型铝土矿，具有品位高、规模大、埋藏浅、矿层厚、易开采等特点，是广西的一大优势矿种。近年来，在广西桂中地区发现的红土型铝土矿（铁铝矿，以下同）显示出较好的找矿前景。广西铝土矿石具有中铝、高铁、高铝硅比、低硫等特点。堆积型铝土矿矿石的绝大部分由一水硬铝石、针铁矿、赤铁矿和高岭石组成，含量约占85%，其它矿物含量甚少，是国内少数能运用拜耳法生产氧化铝的优质铝土矿资源。堆积型铝土矿矿石品位 Al_2O_3 为 45%~65%，一般为 54%~60%；SiO_2 为 3.4%~14%，一般为 5%~9%；铝硅比 4~11；Fe_2O_3 为 5%~25%，一般为 10%~20%。红土型铝土矿主要矿物为三水铝石、赤铁矿、针铁矿和高岭石。红土型铝土矿矿石品位 Al_2O_3 为 25%~32%，Fe_2O_3 为 35%~50%，SiO_2 为 5%~15%。

【实验目的】

（1）学习从铝土矿中提取氧化铝的原理和方法。
（2）掌握提取氧化铝的基本操作方法。
（3）了解氧化铝制备的不同方法原理。

【实验原理】

本实验根据氧化铝可以和酸碱反应的性质，从铝土矿中提取氧化铝。

【仪器和试剂】

仪器：电子天平，玻璃棒，烧杯，漏斗，铁架台，滴管，锥形瓶，长颈漏斗，酒精灯，蒸发皿，三角支架等。

试剂：铝土矿粉末，氢氧化钠，盐酸，氨水，蒸馏水，碳酸钙。

【实验步骤】

（1）取少量铝土矿粉末于烧杯中，加入过量的氢氧化钠溶液并充分地搅拌，铝土矿中的氧化铝和二氧化硅与氢氧化钠反应（铝土矿中含氧化铝和二氧化硅）分别生成偏铝酸钠、硅酸钠，反应方程式如下：

$$Al_2O_3 + 2NaOH == 2NaAlO_2 + H_2O$$

$$SiO_2 + 2NaOH == Na_2SiO_3 + H_2O$$

（2）过滤，除去残渣，滤液中含有偏铝酸钠和硅酸钠（注意过滤操作中的一贴二低三靠）。

（3）在滤液中加入过量的盐酸并充分搅拌，使溶液中反应完全，生成氢氧化铝、原硅酸，氢氧化铝又和过量的盐酸反应生成铝离子保留在溶液中，反应方程式如下：

$$NaAlO_2 + H_2O + HCl == Al(OH)_3\downarrow + NaCl$$

$$Al(OH)_3 + 3HCl == AlCl_3 + 3H_2O$$

$$Na_2SiO_3 + 2HCl + H_2O == H_4SiO_4\downarrow + 2NaCl$$

（4）过滤除去硅的化合物杂质，滤液中含有氯化铝，然后在滤液中加入过量氨水并充分搅拌得到氢氧化铝沉淀，反应方程式如下：

$$AlCl_3 + 3NH_3 \cdot H_2O == 3NH_4Cl + Al(OH)_3\downarrow$$

（5）过滤洗涤得到氢氧化铝固体，然后将所得的氢氧化铝固体放入蒸发皿中加热使之分解，加热过程中用玻璃棒搅拌防止局部受热造成液体迸溅，分解后得到氧化铝粉末。

思考题

1. 除了试验中所用的方法，还有没有其它制备氧化铝的方法？
2. 第（4）步反应中为什么加入的是氨水而不是氢氧化钠？
3. 第（5）步反应的方程式是什么，整个实验中体现了氧化铝的什么性质？

参考文献

[1] 文艳,林金辉. 提取氧化铝的研究进展[J]. 2010 全国非金属矿产资源与勘察技术交流会论文专辑，2010.

[2] 李秋霞，杨斌，戴永年. 真空下从铝土矿中直接提取铝的研究[J]. 真空科学与技术学报，2010，30（002）：198-200.

[3] 刘成长. 从高硅铝矿中提取氧化铝和二氧化硅的新工艺[J]. 世界有色金属，2008（10）：28-31.

[4] 王凯."从铝土矿中提取铝"的教学设计[J]. 化学教学，2013（3）：34-36.

[5] 赵剑宇，田凯. 微波助溶从粉煤灰提取氧化铝新工艺研究[J]. 无机盐工业，2005，37（2）：47-49.

[6] 袁海滨，朱富龙，杨斌，等. 氧化铝真空碳热还原—氯化法炼铝的工艺研究[J]. 真空科学与技术学报，2010，30（6）：582-587.

实验四 Li₄Mn₅O₁₂锂离子筛的制备及性能测定

【背景知识】

锂及其化合物的新用途正不断发展，对它们的需求与日俱增。我国液态锂资源非常丰富，开发利用其中的锂资源具有重要意义。从溶液中提取锂，离子交换吸附法是最有前途的绿色方法[1]。离子交换吸附法的关键就是要找到合适的吸附剂，尖晶石型 $LiMn_2O_4$ 则是研究最集中的锂吸附剂之一，但酸性改性液能溶解 $LiMn_2O_4$ 中的 Mn（Ⅲ），引起锰的损失和交换性能下降。与 $LiMn_2O_4$ 相比，尖晶石结构 $Li_4Mn_5O_{12}$ 中锰的氧化态为 +4，不溶于酸改性液，因而更适合用作锂离子筛。由于尖晶石结构 $Li_4Mn_5O_{12}$ 中锰的氧化态为 +4，制备困难，因而研究较少。李义兵[2]、童庆松[3]、张会情[4]分别采用低温固相法、微波法和溶胶-凝胶法合成了 $Li_4Mn_5O_{12}$，其中李义兵、童庆松讨论了它作为锂离子电池正极材料的比容量和循环性能。本研究通过低温固相合成法和溶胶-凝胶法制备前驱体尖晶石型 $Li_4Mn_5O_{12}$，进行酸改性制备锂离子筛，比较两种方法所制备的离子筛的交换性能。

【实验目的】

（1）了解制备尖晶石型 $Li_4Mn_5O_{12}$ 锂离子筛的方法。
（2）了解饱和交换容量的测定方法。

【仪器和试剂】

试器：电子天平，磁力加热搅拌器，马弗炉，pH 酸度计，真空烘箱，原子吸收分光光度计，Rigaku D/Max 2550PC 型 X 射线衍射仪。

试剂：氢氧化锂（AR），醋酸锰（AR），草酸（AR），柠檬酸（AR），25% 氨水，盐酸。

【实验步骤】

1. 低温固相合成 Li₄Mn₅O₁₂

称取物质量的比为 1/1.2 的氢氧化锂（AR）和草酸（AR）放入研钵中混合研磨，然后称取一定量（Li/Mn 原子比为 4/5）的乙酸锰（AR）加入研钵中，继续研磨，得粉红色黏稠状混合物，在 150 °C 温度下真空干燥 24 h，得到蓬松状的样品。样品在 350 °C 温度下先在马弗炉中焙烧 2 h,然后再升温至 500 °C 焙烧 12 h,随炉冷却,即得到黑色粉末状前驱体[5],记作 A-Li$_4$Mn$_5$O$_{12}$。

2. 溶胶-凝胶法合成 Li$_4$Mn$_5$O$_{12}$

称取一定量(Li/Mn 原子比为 4/5)氢氧化锂(AR)和醋酸锰(AR)分别用蒸馏水溶解,混合并加以搅拌,缓慢加入柠檬酸(AR)溶液(柠檬酸物质的量/金属离子总物质的量为 1/0.9),调节 pH 至 6.50,后转移到 75 °C 的恒温水浴中,继续搅拌,除去水分。直至溶液的体积明显减小且成为粉红色黏稠胶状物质时,取出,置于 130 °C 的烘箱中干燥 20 h,得到样品。样品在 300 °C 温度下先在马弗炉中预热 2h,后升温到 500 °C 焙烧 8 h,得到黑色粉末状样品前驱体,记作 B-Li$_4$Mn$_5$O$_{12}$。

3. 锂离子筛的制备

称取 4 份 0.500 0 g Li$_4$Mn$_5$O$_{12}$ 置于 4 只 100 mL 的锥形瓶中,再分别加入 0.01、0.10、1.0、10.0 mol·L^{-1} 的盐酸溶液 50 mL,在 25 °C 恒温振荡 72 h,过滤。用 AG-原子吸收仪测定滤液中 Li$^+$、Mn^{4+} 的含量,考察样品的耐酸性及阳离子抽出情况[5],确定酸改性溶液的浓度。

4. 饱和交换容量的测定

称取 5 份经 1.0 mol·L^{-1} 盐酸改性制备的 0.500 0 g 离子筛,分别加入浓度为 0.10 mol·L^{-1} 的 LiOH 溶液 50 mL,在 25 °C 下恒温振荡浸取,分别在交换 3、5、7、10、11 天取其中的 1 份进行样品分析,以交换后溶液中阳离子不变的数据为饱和交换容量数据。同时作空白实验,通过上清液中 Li$^+$ 的减少量计算出离子筛对 Li$^+$ 的饱和交换容量。根据锂离子交换前后浓度差,根据式(4-1)可算出锂离子筛对锂离子子的交换容量(Q):

$$Q = \frac{m}{M} \qquad (4-1)$$

式中 m——锂离子筛吸附交换锂的量,(mg)或(mmol);

M——所用锂离子筛的质量(g);

Q——交换容量(mg·g^{-1})或(mmol·g^{-1})。

5. 材料表征

用 X 射线衍射测定合成样品及其交换前后结构的变化,测定条件为:管电压 40 kV,电流 300 mA,Cu-Kα 靶作为辐射源(波长为 1.546 0 nm),扫描范围(2θ)为 10°~75°,步宽为 0.02°,扫描速度为 8°·min^{-1}。测试仪器为:D/Max 2550PC 型 X 射线衍射仪(日本理学)。

思考题

1. 酸改性液的浓度对改性结果有哪些影响？
2. 如何确定饱和交换容量？

参考文献

[1] 袁俊生，纪志永. 海水提锂研究进展[J]. 海湖盐与化工，2003，32（5）：29-33.
[2] 李义兵，陈白珍，胡拥军，等. 尖晶石型$Li_4Mn_5O_{12}$正极材料的制备与电化学性能[J]. 有色金属，2007，59（3）:25-29.
[3] 童庆松，林素英，吴俊莉，等. 尖晶石锂锰氧化物的电化学性能研究[J]吉林化工学院学报，2005，22（4）:32-34.
[4] 张会情，韩恩山，张林森，等. 富锂尖晶石$Li_4Mn_5O_{12}$的合成[J]. 电池，2004，34（3）:176-178.
[5] 董殿权，张凤宝，张国亮，等. $Li_4Ti_5O_{12}$的合成及对Li^+的离子交换动力学[J]. 物理化学学报，2007，23（6）:950-954.

实验五 地质聚合物基植物纤维复合材料的性能研究

【背景知识】

地质聚合物（Geopolymer）是近年来国际上研究非常活跃的一种新型无机 Si-Al 质胶凝材料。它是以高岭土、粉煤灰或矿渣等为主要原料，首先通过适当的工艺对原料进行活化，然后混入激发剂（一般为碱激发剂），通过溶解—单体重构—缩聚反应得到的一类新型无机胶凝材料[1,2]。目前对此类材料的命名较多，国际上的提法有 Mineral Polymer，Geopolymeric Materials，Aluminosilicate Polymer，Inorganic Polymeric Materials 等。在国内，地质聚合物还被称为：地聚物、地聚合物、人造矿物聚合物、土壤聚合物、矿物聚合物等[2,3]。

由于其特殊的无机缩聚三维氧化物网络结构，使得地质聚合物材料在某些方面具有比有机高分子材料、水泥、陶瓷和金属更加独特的性能；另一方面，地质聚合物材料制造过程中的能耗和三废排放量都非常低，材料对环境友好并且可以很好地被回收再利用，是一种可持续发展的绿色环保材料[4]。

该材料从发明到目前为止，在诸多领域得到了广泛的应用，主要应用于建筑、汽车、航空、电工、铸造、冶金、道路、塑料、耐火材料等[5]。目前，合成地质聚合物材料的原料主要是高岭土、粉煤灰、矿物废渣等，而高岭土的组成与成分相对比较易于控制，是较好的原料来源。广西探明的高岭土资源约 4.5 亿 t，居全国第 2 位[6]，所以加大高岭土的深加工对促进广西的资源优势转化为经济优势有着非常重要的意义。

【实验目的】

（1）了解地质聚合物材料、制备地质聚合物的原料以及制备地质聚合物基复合材料的工艺过程。

（2）系统研究地质聚合物基复合材料制备过程中工艺因素对抗压强度及抗弯强度的影响规律，并优化工艺参数。

【实验原料】

1. 高岭土

高岭土（Kaolin）是一种含水的层状铝硅酸盐黏土矿物，高岭土的理想化学式可以表示为 Al_2O_3-$2SiO_2$-$2H_2O$[或 $Al_2Si_2O_5(OH)_4$]，其组成结构是由一层硅氧四面体和一层铝氧八面体（水铝层）组成单网层，同时单网层之间以氢键联成一整体。我国高岭土主要由 Al_2O_3 和 SiO_2 组成，同时也含有少量的 Fe_2O_3、TiO_2 以及微量的 Na_2O、K_2O、CaO 和 MgO 等多种氧化物。目前高岭土已被广泛应用于陶瓷工业，高分子材料制造业，电缆填料，造纸工业和石油催化剂等多种领域，因此可以认为高岭土是一种用途极为广泛的无机非金属矿物。

将高岭土在较高的温度下（600~900 ℃）煅烧脱去羟基，其原有的硅氧骨架依然被保留，铝氧八面体中的羟基在失去后，Al^{3+} 在依旧保留着的晶格中经扩散重新排列，由六配位变成四配位或者五配位，高岭土转变为无定形的具有激发活性的一种无水铝硅酸盐材料（$Al_2O_3 \cdot 2SiO_2$），这种材料即为偏高岭土（Metakaolin）。高岭土转变为无定形的具有激发活性的偏高岭土的反应式如式（5-1）所示[7]：

$$Al_2Si_2O_5(OH)_4 \xrightarrow{600\sim900\,℃} Al_2Si_2O_7 + 2H_2O \quad (5-1)$$

实验所用高岭土可选用兖矿北海公司高岭土。

2. 水玻璃

水玻璃，俗称泡花碱，是一种水溶性的硅酸盐，其组成主要是碱金属氧化物和二氧化硅，化学通式为 $R_2O \cdot nSiO_2 \cdot mH_2O$。其中 R_2O 为碱金属氧化物，如 Na_2O、Li_2O、K_2O；n 为 SiO_2 的摩尔数；m 为含 H_2O 的摩尔数。纯净优质的水玻璃一般为无色透明的黏稠液体，可溶于水。而含有杂质的水玻璃呈淡黄色或灰绿色，有些甚至呈黑灰色。水玻璃的应用过程中，一般需要加入碱或其它外加剂来调整水玻璃的模数（SiO_2 与 Na_2O 的摩尔比）。

最常使用的是用氢氧化钠或氢氧化钾来调整其模数，从而改变水玻璃的固含量、黏度、碱度及反应活性。研究发现水玻璃的模数在 2.0~1.0 时都可与偏高岭土发生反应，随着模数的降低，反应速度加快，但碱含量越高，泛碱也越严重。

实验所用水玻璃为市售工业水玻璃，将一定量的 NaOH 和去离子水与市售水玻璃混合均匀即制得本实验所用的碱激发剂。

3. 稻谷壳

稻谷壳是稻谷脱壳后分离出来的谷壳，俗称粗糠。它主要由两片退化的叶子内颖和外颖组成，内外颖的两缘相互勾合包裹着糙米，构成完全封闭的稻壳。稻谷壳约占稻谷总质量的 20%，它主要含有纤维素（30%）、木质素（20%）、灰分（20%）、戊聚糖（20%）和蛋白质（3%）等，其灰分主要由 SiO_2 组成[8]。

实验所使用稻谷壳为市售，作为分散相，改善复合材料的机械性能。

【实验原理】

根据 Davidovits 提出的地质聚合物的聚合机理，以偏高岭土为原料，在 NaOH 和 KOH 的碱性环境中制备地质聚合物的反应式可以简要表示如下[4]：

首先，偏高岭土与无定型二氧化硅在水和强亲核试剂 NaOH 和 KOH 的作用下，发生 Si—O 和 Al—O 共价键的断裂。可以认为在水溶液中生成硅酸和氢氧化铝的混合溶胶，溶胶颗粒之间部分脱水缩合生成正铝硅酸。Na^+ 和 K^+ 被吸附在分子键周围，平衡铝（+3 价，四配位）所带的负电荷，如式（5-2）所示：

$$n(Si_2O_5,Al_2O_2) + 2nSiO_2 + 4nH_2O + NaOH \text{ 或 } (KOH) \longrightarrow$$
$$(Si-Al\ materials)$$
$$Na^+, K^+ + n(OH)_3-Si-O-Al-Si-(OH)_3 \quad (5\text{-}2)$$
$$|$$
$$(OH)_2$$
$$(Geopolymer\ precursor)$$

第二步，正铝硅酸分子上的羟基在碱性溶液中或干燥条件下极不稳定，相互吸引形成氢键，进一步脱水缩合形成聚铝硅氧大分子链，如式（5-3）所示：

$$n(OH)_3-Si-O-Al-Si-(OH)_3 + NaOH \text{ 或 } (OH) \longrightarrow$$
$$|$$
$$(OH)_2$$
$$(Na^+,K^+)-(-Si-O-Al-O-Si-O-) + 4nH_2O \quad (5\text{-}3)$$
$$|\quad\ |\quad\ |$$
$$O\quad O\quad O$$
$$(Geopolymer\ backbone)$$

对于不同原料成分、不同用途的地质聚合物，其具体反应机理并不完全相同，但骨干反应是相同的，仍为上述反应过程。

地质聚合物缩聚大分子的结构通式为：

$$M_x - [(Si - O_2)_z - Al - O]_n \cdot wH_2O$$

式中"M"表示碱金属元素"x"为碱金属离子数目，"—"表示化学键，"z"表示硅铝比，"n"表示缩聚度，"w"表示化学结合水的数目（$w = 0 \sim 4$）。

【实验仪器】

电子万能试验机，高温马弗炉，电子天平，高速万能粉碎机，国家统一标准筛，电热恒温鼓风干燥箱，钢制模具以及一些常规的玻璃仪器。

【实验步骤】

1. 原材料的预处理

用高速粉碎机将稻谷壳粉碎，并用国家统一标准筛分别筛出纤维尺寸为60目以下、60~40目、40~20目及20目以上的稻谷壳粉，分类装好。

将高岭土置于高温马弗炉经800 °C煅烧4 h，得到偏高岭土，自然冷却后取出置于干燥处。

市售水玻璃溶液加入氢氧化钠调整模数，通过计算加入一定量氢氧化钠配制不同模数的碱激液。

2. 试样的成型制作

将称量好的偏高岭土和碱激液混合，得到结成膏状的黏体；此时再加入相应配比的水，搅拌均匀成流体状，类似于水泥浆；再加入稻谷壳，将稻谷壳和浆体搅拌均匀。

将上述的混合物倒入模具中（模具内壁用透明胶密封，防止地质聚合物粘在模具中），放料均匀，把模具螺钉拧紧，压制成型。

3. 样品的养护

将样品于不同温度下养护不同天数，然后使试样脱模，待测性能。

4. 产品的机械性能测试

本实验主要用万能试验机检测产品的抗压强度和抗弯强度。进行抗压强度和抗弯强度测试时，采用的实验速度均可取为 $2 \text{ mm} \cdot \text{min}^{-1}$。

实验的工艺过程如图5.1所示。

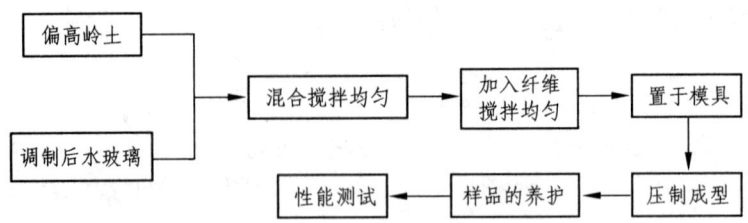

图 5.1 地质聚合物基纤维复合材料制备工艺流程

【结果与分析】

（1）记录各个实验条件下的抗压强度和抗弯强度。
（2）绘制各影响因素与抗压强度和抗弯强度的关系曲线。
（3）分析各影响因素对抗压强度和抗弯强度的影响规律。

1. 采用不同产地的高岭土作为原料，是否会对抗压强度和抗弯强度的结果造成影响？为什么？

2. 你认为本实验产品若制成纤维板上市，从机械性能角度考虑应达到怎样的要求？

3. 参照已查阅的文献及已做的实验，请提出几点增强复合材料抗弯强度的建议。

参考文献

［1］ Davidovits J. Geopolymers and geopolymeric materials [J]. Journal of Thermal Analysis，1989，（35）：429-441.

［2］ 郑娟荣,覃维祖. 地聚物材料的研究进展[J]. 新型建筑材料，2002，（4）：11-12.

［3］ 代新祥，文梓芸. 土壤聚合物水泥[J]. 新型建筑材料，2001，（6）:34-35.

[4] 张书政，龚克成.地聚合物[J].材料科学与工程学报，2003，21（3）:430-436.
[5] Davidovits J. 30 Years of Successes and Failures in Geopolymer Applications-Market trends and Potential breakthroughs，Proceeding of Geopolymer 2002 Conference，Australia，2002，1-16.
[6] 罗在明，韦灵敦.广西优质高岭土的开发与展望[J].广西地质，2002，15（1）:11-14.
[7] 施惠生，袁玲.高岭土应用研究的新进展[J].中国非金属矿工业导刊，2002，（6）：11-16.
[8] 蔡碧琼，陈新香，黄明楷，张福娣.稻壳的综合利用研究进展.农产品加工学刊[J]. 2010，4.

水果篇

广西水果资源简介

中国广西壮族自治区位于东经104°28′到112°04′、北纬20°54′至26°23′，与海南省隔海相望，东临广东，北接湖南，西邻云南，西南与越南毗邻。北回归线横穿广西中部，使得广西气候暖热，雨水充沛，雨热同季，夏长冬短，无霜期长。境内水资源丰富，河流分布广阔，四大水系即红水河、邕江、柳江和桂江从西北向东流，其干流横贯境内，形成了西江水系。优越的地理环境和气候条件，对热带和亚热带果树生长发育十分有利，全区有一半的地区适宜于发展热带果树，绝大部分地区适于发展亚热带果树，广西是中国发展热带果树的宝地。北回归以南11.4万平方公里的土地属南亚热带区域，年均气温20~22°C，有效积温7 000~8 000°C，降雨量1 100~2 800 mm，同时由于本区域台风出现的季节相对较晚，对夏熟水果影响较少，是荔枝、龙眼、香蕉（图2）、芒果等南亚热带水果理想的生长之地。北回归线以北属中亚热带气候区，年均气温17.1°C，积温5 900~6 550°C，适合沙田柚、温州蜜柑、椪柑、甜橙等亚热果树及白果、柿、梨、李、桃、枣、梅、板栗等落叶果树的生长，同时由于相对其它南方省份气温偏高，水果成熟上市早，有利于抢占市场。因此广西发展亚热带水果生产有得天独厚的优势。

图2　广西特色水果——香蕉

优越的自然条件，悠久的生长历史，造就了广西丰富多彩的水果资源。经初步查明，广西现存果树 47 科 85 属 237 种。容县沙田柚、融安金桔、恭城月柿、灌阳长枣、兴安白果闻名遐迩；田阳香芒、合浦鸡嘴荔、钟山大肉梅、永福罗汉果经久留香；灵山香荔（图 3）和桂味荔、容县大乌圆、平南石硖龙眼、鹿寨椪柑，脍炙人口。"千亩果园"、"万亩果场"把八桂大地装点得香飘四季，沃野流芳。目前，广西水果种植总面积超过 100 万公顷，龙眼、荔枝、香蕉等热带水果均位居全国三甲，柑橙、菠萝、白果、澳洲坚果、油梨、柚类、金桔也名列前茅。科技兴果使广西水果的资源优势得到充分发挥，在各类全国性评比活动中，广西选送的龙眼、荔枝、沙田柚、芒果，共获得 17 金、11 银、5 铜的奖励。北京、上海、武汉、西安的展销会和历届国际农博会、园艺会上，广西产品风采夺目，出类拔萃。品种结构已实现了优势区域化、合理化，南亚热带水果的主导地位已经形成。目前，广西年产商品果 1 030 多万 t，产值达 200 多个亿、柑桔畅销北美、东盟，白果产品风靡日本，荔枝龙眼出口欧洲和美国。

图 3　广西特色水果——灵山荔枝

按照发展规划，到 2015 年，广西水果要达到总产量 1 200 万 t，产值 520 亿元的目标。广西灵山麻垌的黑叶、妃子笑也很鲜美著名。此外，广西容县的沙田柚、融安的金橘、永福的罗汉果、百色的香芒（图 4）、石夹的龙眼等都很著名，而且都是广西特有的名产。

图 4　广西特色水果——桂七香芒

2012年全区水果总产量达1 051万t，比2011年增产107万t，增幅达11.4%，高于全国平均增幅6.6%，实现历史性突破，使广西首次跻身全国五大水果千万吨省（区）。除龙眼、芒果、荔枝基本持平外，柑橘、蕉类、葡萄等水果都呈增产态势，其中柿子产量全国第一，柑橘产量从全国第四跃居全国第二，热带亚热带水果产量全国第二。

广西本地的特色水果有冬葡萄、火龙果、百香果、猕猴桃、番石榴、大果山楂、早熟桃、早熟李、早熟梨等。广西的特色水果"特色"很明显。比如，柳州的冬葡萄除了酸甜适度、香味浓郁之外，突出优势是在每年的12月份与其它葡萄错位上市，既延伸葡萄的销季，又保证价格上的优势，目前面积过5万亩。

具有番石榴、菠萝等多种水果的混合香气的"百香果"，从遥远的南美洲来到中国，如今在南宁、灵川、合浦、北流、平南等地开花结果。百香果适应性强，对土壤要求不高，特别适应荒坡旱地种植，且投资小见效快，1年种植5年受益，灵川县一些乡镇就有万亩以上的百香果园。

猕猴桃，维C含量特别高，乐业的种植面积近3000亩，预计产量将达40万公斤、产值上千万元。由于是有机种植，各等级果的售价较高，像一级果每公斤在60元以上，三级果每公斤也在30~40元。

广西先后创建了20个无公害水果示范基地县，目前已建立了450个水果标准化生产示范基地，有上千万亩水果通过无公害产地认定，优质果品率提高到60%以上，水果等农产品质量安全检测合格率达96%以上。广西多次在上海、北京、武汉、西安等地举办推介会，加深客商和消费者对广西果品的了解，扩大销售群体。如今广西生态水果已享誉四方，像阳朔的金桔、柳城的蜜桔、富川的脐橙（图5）、容县沙田柚（图6）、柳江的冬葡萄、金穗香蕉、逸兴沙田柚、壮乡河谷芒果等等，在外地展销时受到热捧，广受国内外客商赞誉，甚至一些品种已跻身欧美发达国家的超市。

图5　广西特色水果——富川脐橙

图6　广西特色水果——容县沙田柚

实验六　保鲜剂对香蕉的保鲜作用研究

【背景知识】

　　香蕉是人们喜爱的热带、亚热带名果，它含有大量的纤维素和铁质，营养丰富，有通便补血的作用，可用于多种疾病治疗，但不易保鲜、不耐储运，栽培面积较大，采后的防腐保鲜措施不当，就会在后熟过程中腐烂。据资料报道，香蕉采后的运销因腐烂造成的损失达总产量的20%以上，探索香蕉简便易行的储藏保鲜技术，具有重要的理论意义和经济价值[1]。

　　香蕉是广西的大宗水果。2000年以来，广西香蕉总产量基本上是一路上升，总产量仅次于广东香蕉。广西的主要香蕉产区为钦州、玉林、南宁等地。

　　广西有本地特有的香蕉品种，例如矮香蕉、高把香蕉等，因品质不如世界最优质的香蕉品种而逐渐退出主导地位。目前，广西的香蕉有3大类，即威廉斯B6、巴西蕉、本地蕉，所占比例分别为70%、15%、15%。也就是说，我们现在吃到的广西出产的香蕉，大部分是外来品种。

　　好香蕉果皮呈鲜黄或青黄色，梳柄完整，没有麻点，果肉多见乳白色，食之嫩滑柔软，香甜可口。与国内其它产区相比，广西香蕉主要成熟在当年9月至次年1月，白天阳光好，昼夜温差较大，因而香甜，品质好。国内其它主要产区在每年7~9月的台风多季节，这段时间的雨水多，导致所产香蕉水分多，且皮厚。所以广西香蕉的特别之处就在于水分少而甜。

【实验目的】

　　（1）学习了解香蕉保鲜的原理和方法。

　　（2）掌握失重率、病变率、呼吸强度等指标测定的基本操作方法。

【实验原理】

　　失重率、病变率、呼吸强度都是测定香蕉品质的重要因子。香蕉是典型的呼吸越变型水果，在正常的生理成熟度下采收，经过一周左右（25 ℃）就出现呼吸高峰，这时说明香蕉就已成熟。高温40~44 ℃，低温10~9 ℃的情况下1~2 d，果实表轻度伤害，催熟后，甜、香味还近正常，但品质已显著下降，果皮黄中带灰色。高温 45 ℃ 以上，低温 8 ℃ 以下，香蕉果实受冻伤害，果皮变黑。高温 50 ℃ 以上，低温 7～5 ℃ 下，3～6 天，绝大部分香蕉果皮变黑，不易催熟而腐烂[2]。许多试验和实践证明，广西产地的香蕉，最适保鲜储藏温度为 11～13 ℃，技术措施条件高，可以保鲜储藏 5～6 个月不烂。恒温利于保鲜，变温不利。因此抑制香蕉呼吸或减缓呼吸即可达到保鲜的效果。

【仪器和材料】

材料：扑海因保鲜剂（试验所用保鲜剂扑海因购自广西南宁市西乡塘区农贸市场），香蕉品种为巴西蕉，选择生理成熟、无病虫害、无机械伤的健康果实，当天运回实验室并在 12 h 内完成处理，每隔 5 d 做一次分析。

仪器：天平，TPS-1 CO_2 气体分析仪。

【实验步骤】

1. 配制扑海因涂膜液

配制浓度为 1 500 ppm 的扑海因涂膜液（德国拜耳作物科学公司产品）。每处理选择香蕉 6 梳（每梳 15～20 个果指），分别放入涂膜液中浸泡 1 min，设对照（清水），捞出晾干，果实装入 0.04 mm 厚薄膜袋中，挽口，不扎口。重复 3 次。放于温度为 20～25 ℃，相对湿度 70%～90% 室内储藏。储藏时间为一个月。

2. 测定指标和方法

（1）失重率：重量法[3]。对处理组和对照组的香蕉称重并记录数据，每 5 d 测一次，算出失重率。

（2）病变率：病害分级参考王璧生等的方法[4,5]。按果实发生病害程度可分为 5 级。1 级：不发病；2 级：病斑呈小点，占果面积 5.0% 以下或者蕉梳切口表面初见白色菌丝体；3 级：病斑扩大，占果面积 5.0%～25.0%，或者果柄腐烂，长度小于柄长一半；4 级：病斑合并，占果面积 25.1%～50.0% 或者果柄腐烂，长度大于柄长；5 级：病斑占果面积 50.0% 以上，果柄全烂，果实失去食用价值。

（3）呼吸强度：用 TPS-1 CO_2 气体分析仪测定[6]。

思考题

1. 如何确定扑海因涂膜液的成膜性？
2. 本实验中，使用 TPS-1 CO_2 气体分析仪应注意些什么？

参考文献

[1] 余奇飞，郑志勇.香蕉的常温保鲜研究[J].福建热作科技，2000，25（1）：5-6.

[2] 李安妮，朱慧英，李明启.香蕉保鲜储藏生理研究[J].华南农业大学学报，1991，12（4）：25-28.

[3] 黄晓钰，刘邻谓.食品化学综合实验[M].北京：中国农业出版社，2002，9.148-169.

[4] 王壁生，刘景梅，蔡曼珊，等.50%特克多悬浮剂防治香蕉采后主要病害药效试验[J].广东农业科学，2004（6）：70-71.

[5] 王壁生.广东香蕉采后病害研究[J].广东农业科学.1989，(4)：42～43.

[6] 黄福新，林明生，黄思良.扑海因对香蕉防腐保鲜试验[J].广西农业科学，1990（4）：28-29.

实验七 荔枝叶片中几种抗氧化酶活性的研究

【背景知识】

  荔枝与香蕉、菠萝、龙眼一同号称"南国四大果品"。荔枝原产于中国南部，是亚热带果树，常绿乔木，高约 10 m。果皮多数呈鳞斑状突起，鲜红，紫红。果肉产鲜时半透明凝脂状，味香美。但是荔枝在生育前期易发病，为害荔枝的常见病虫害主要有主干的流胶病、脚腐病和为害果实的霜疫霉病。虫害主要有为害主干的星大牛和枝梢的支天牛，为害叶片的毒蝶蛾类、卷叶蛾以及为害果实的蒂蛀虫和蝽蟓。霜疫霉病是荔枝栽培中发病普遍、危害严重的病害，防治难度大，严重影响产量和品质。为控制危害，国内外对霜疫霉病的防治措施进行了较为广泛的研究，目前尚无有效药剂，主要以综合防治为主。在生产实际中，药剂防治已很难控制霜疫霉病的发展。因而，提高植株抗病性便成为防治荔枝霜疫霉病的一项最经济有效的措施，本实验拟对荔枝叶片中几种抗氧化酶活性进行研究。

  广西是荔枝的主要产地。全区荔枝种植面积 350 万亩，年产量列居全国第二；50 个多个县市都有荔枝分布，主要产地有：钦州市、玉林市、贵港市、崇左市、南宁市、梧州市、北海市等地。其中钦州的灵山县素有"荔枝之乡"的美誉。

  灵山荔枝驰名区内外，1996 年 3 月被中国特产之乡命名宣传活动组委会命名为"中国荔枝之乡"。灵山是最适宜荔枝生长的黄金地带之一，所产的桂味荔枝品味尤其甜美，曾获首届农业博览会金质奖；灵山香荔分别获一、二、三届中国农业博览会银奖、金奖和名牌产品称号及 2003 年广西名牌产品称号。

  灵山荔枝种植历史悠久，品种资源丰富，品质优良。据县志记载，荔枝种植始于唐朝，宋朝已有较大发展，当前无村不种荔枝。全县荔枝种植面积 60.5 万亩，正常年份产量达 5 万 t，品种有 36 种，其中以三月红、妃子笑、黑叶、灵山香荔的面积和产量最大。从五月到七月中旬都有新鲜荔枝可尝，其中以灵山香荔、桂味荔最为驰名。

【实验目的】

(1) 初步了解提高荔枝抗病能力的机理。

(2) 基本掌握测定荔枝叶片的几种抗氧化酶(超氧化物歧化酶、过氧化物酶、过氧化氢酶)活性的方法。

【实验原理】

1. 超氧化物歧化酶的测定方法及原理

超氧化物歧化酶活性的测定主要依赖于超氧阴离子自由基(O_2^-)在不同条件下的受控产生,目前产生O_2^-的方法主要有邻苯三酚自氧化法、肾上腺素自氧化法、黄嘌呤氧化酶法、核黄素光照法(又称NBT光还原法)等,各种方法的模型体系对SOD活性的测定结果均有不同的准确性和灵敏度[12]。其中NBT光还原法测定原理是:在有氧存在的条件下,核黄素发生光还原产生O_2^-,O_2^-再还原NBT生成蓝色的物质,测定体系在560 nm的吸光度可阐明O_2^-的产生及被抑制的情况。一个酶活性单位定义为将NBT的还原抑制到对照一半时所需的酶量。依此原理建立的SOD活性测定法可用于粗提酶及聚丙烯酰胺凝胶上SOD活性的测定,实验数据重现性良好。鉴于本实验的实际情况,采用BNT光还原法。

2. 过氧化物酶的测定方法及原理

过氧化物酶测定方法主要有:比色法,愈创木酚氧化法,Amano方法,Sigma方法,Worthington方法。其中最常用的是愈创木酚氧化法,其原理为:在H_2O_2存在的条件下,过氧化物酶能使愈创木酚氧化,生成茶褐色4—邻甲基苯酚,其在470 nm处有最大吸收峰,用分光光度计可测定生成物的含量,反映过氧化物酶的活性。

3. 过氧化氢酶的测定方法及原理

过氧化氢酶活性测定方法主要有:碘量滴定法,紫外分光光度碘量法,直接紫外分光光度法。其中直接紫外分光光度法原理:H_2O_2在240 nm波长下有较强吸收,过氧化氢酶能分解H_2O_2,使反应液吸光值A_{240}随反应时间而降低,根据测定吸光值的变化速度即可测出过氧化氢酶的活性。采用直接紫外分光光度法检测其活性,具有成本低、检测速度快、操作简便等优点,是较为理想的方法,故本实验采用此法。

【实验材料】

供试荔枝叶片取自广西农垦集团金光农场示范果园。选择荔枝各十株于挂果后期成熟前 22 天开始采摘叶片，第 6 天、第 11 天、第 16 天、第 22 天（果实采收日）采摘同一高度的叶样，放入冰壶带回，储藏于 -18°C 冰箱中待测。

【实验步骤】

1. 超氧化物歧化酶活性的测定

仪器：研钵，5 mL 移液管、1 000 μL 移液枪各 1 支，试管，光照培养箱，离心管，高速冷冻离心机，可见光分光光度计。

试剂：50 mmol/L 的 pH7.8 磷酸缓冲液；酶抽提液[50 mmol/L 的 pH 7.8 磷酸缓冲液内含 PVP（4%W/V）]；反应液（在 54 mL，14.5 mmol/L 蛋氨酸溶液中分别加入均以 50 mmol/L 的 pH7.8 磷酸缓冲液配制的 3μmol/L 的 EDTA，2.25 mmol/L 的 NBT 和 60 μmol/L 的核黄素各 2 mL，各个溶液均在用前配制，避光放置）。

实验操作过程：称取荔枝叶样 1 g 加入 5 mL 酶抽提液，冰浴研磨后，在高速冷冻离心机中以 10 000 r/min 在 4 °C 以下离心 20 min，上清液为粗酶液。

在盛有 5 mL 反应液的试管中加入适量的 SOD 粗酶液（本实验加入量为 50 μL），置于光照培养箱内光照 20 min，取出试管迅速测定 A_{560} 值，以蒸馏水为参比液，不加酶液的光照管为对照。

以 NBT 的光化学还原反应被抑制 50% 的酶量为 1 个 SOD 酶单位，用 U 来表示。

$$SOD 活性 = (A_0 - A_S) \cdot V_T \cdot (50\% A_0 \cdot W_F \cdot V_1)^{-1}。$$

式中　SOD 活性——1 个酶活性单位每克（U/g）；

A_0——光照对照管的吸光值；

A_S——样品管的吸收值；

V_T——样液总体积（mL）；

W_F——样品鲜重（g）；

V_1——测样时样品用量（mL）。

2. 过氧化物酶活性的测定

仪器：研钵，5 mL 移液管、1 000 μL 移液枪各 1 支，试管，离心管，高速冷冻离心机，可见光分光光度计，秒表。

试剂：0.1 mmol/L 的 pH7.0 磷酸缓冲液；反应液（100 mL 0.1 mmol/L 的 pH 6.0 磷酸缓冲液中加入 0.5 mL 愈创木酚、1 mL 30%H_2O_2，充分摇匀）。

实验操作：称取荔枝叶样 1 g 置于预冷的研钵中，加入 5 mL pH7.0 磷酸缓冲液，冰浴研磨成匀浆后，置入离心管中，8 000 r/min 离心 15 min，上清液即为粗酶提取液，低温放置。

吸取反应液 5 mL 于试管中，加入粗酶提取液（视酶活性增减加入量），迅速摇匀后倒入直径 1 cm 的比色皿，在可见光分光光度计中 470 nm 波长下（以未加酶液的反应液为参比）读取光密度值 A_{470}，每隔 30 s 读 1 次数，测定 3 min 内光密度值变化，取线性变化部分，计算每分钟光密度变化值（ΔA_{470}）。

以每分钟内 A_{470} 变化 0.01 为 1 个过氧化物酶活性单位（U）。

$$过氧化物酶活性 = (\Delta A_{470} \cdot V_T) \cdot (0.01 W_F \cdot V_S \cdot t)^{-1}$$

式中　ΔA_{470}——反应时间内吸光值的变化；

W_F——荔枝叶片鲜重（g）；

V_T——提取酶液总体积（mL）；

V_S——测定时取用的酶液体积（mL）；

t——反应时间（min）。

3. 过氧化氢酶活性的测定

仪器：研钵，5 mL 移液管、1 000 μL 移液枪各 1 支，50 mL 容量瓶 10 个，试管，离心管，高速冷冻离心机，紫外-可见光分光光度计，秒表，恒温水浴锅。

试剂：0.2 mol/L 的 pH7.8 磷酸缓冲液（内含 PVP 4%W/V）；0.1 mol/L H_2O_2。

实验操作：称取荔枝叶样 1 g 置于的研钵中，加入 5 mL 4 ℃ 以下预冷 pH7.0 磷酸缓冲液，冰浴研磨成匀浆后，转入 50 mL 容量瓶中，并用缓冲溶液冲洗研钵数次，合并冲洗液，并定容至刻度。混合均匀，将容量瓶置 5 ℃ 冰箱中静置 10 min，取上部澄清液 4 000 r/min 离心 15 min，上清液即为过氧化氢粗酶液，5 ℃ 下保存备用。取 10 mL 试管两支，其中一支为样品测定管，另一支为对照管，各管内先后加入粗酶液 0.2 mL，pH7.8 缓冲溶液 1.5 mL，蒸馏水 1.0 mL，但是对照管加入的酶液为煮死的酶液。

25 ℃ 预热后，逐管加入 0.3 mL 0.1 mol/L 的 H_2O_2，每加完 1 管立即记时，并迅速倒入石英比色皿中 240 nm 下测定吸光值，每隔 1 min 读数 1 次，共测 4 min，两支管测完后，计算酶的活性。

以每分钟内 A_{240} 变化 0.1 为 1 个过氧化氢酶活性单位（U）。

$$过氧化氢酶活性 = (\Delta A_{440} \cdot V_T) \cdot (0.1 \times V_1 \cdot t \cdot W_F)^{-1}$$

$$A_{240} = A_0 - A_1$$

式中　A_0——加入煮死酶液的对照管吸光值；

　　　A_1——样品管吸光值；

　　　V_T——粗酶提取酶液总体积（mL）；

　　　V_1——测定时取用的酶液体积（mL）；

　　　W_F——荔枝叶片鲜重（g）；

　　　t——加过氧化氢到最后一次读数时间（min）；

　　　0.1——A_{240} 每下降 0.1 为 1 个酶活性单位（U）。

1. 如何确定粗酶提取液的加入量？
2. 本实验中荔枝叶样为什么要采取冰浴研磨？

参考文献

[1] 吴彩娥，寇晓虹，王文生.果实成熟衰老与保护酶系统的关系[J].中国果树，2002，6：23-24.

[2] Fridovich I．Supercollider Dismutase[J]．Ann Rev Biochem，1975，44：147-159.

[3] 梁艳荣，胡晓红，张颖力，等.植物过氧化物酶生理功能研究进展[J].内蒙古农业大学学报，2003，24（2）：110-113.

[4] 陈立松，刘星辉.水分胁迫下荔枝叶片过氧化物酶和 IAA 氧化酶活性的变化[J].武汉植物学研究，2002，20（2）：131-136.

[5] 陈淳，林丽榕.采后钙处理对荔枝果实过氧化物酶活性、呼吸率及乙烯生成的影响[J].亚热带植物通讯，1997，26（1）：6-10.

[6] Frank V，Eva V，James F D，Dirk I．The Role of Active Oxygen

Species in Plant Signal Transduction[J].Plant Science，2001，161：405-414.

[7] 波钦诺.植物生物化学分析方法[M].荆家海，丁钟荣译．韩锦峰校．北京:科学出版社，1981，90-100.

[8] 郝再彬，苍晶，徐仲，张达.植物生理实验[M].哈尔滨:哈尔滨工业大学出版社，2004，11：121-127.

实验八 桂七香芒成熟期营养成分的变化研究

【背景知识】

芒果营养丰富，食用芒果具抗癌、美化肌肤、防治高血压、动脉硬化、防治便秘、清肠胃的功效。果实除鲜食外，还可加工成果汁、果酱、糖水果片、蜜饯、盐渍品等食品，此外，芒果叶的提取物还能抑制化脓球菌、大肠杆菌、绿脓杆菌，同时具有抑制流感病毒的作用。芒果为著名热带水果之一，又名檬果、漭果、闷果、蜜望、望果、庵波罗果等，因其果肉细腻，风味独特，深受人们喜爱，所以素有"热带果王"之誉称。

香芒色泽橙黄，皮薄肉细，多汁香甜，为果中之佳品。芒果树全身是宝。果实营养丰富，含有蛋白质、脂肪、糖分、碳水化合物和维生素 A、C 等，被誉为"芒果之王"。

香芒是田东农业特优产品"八香系列"之一。田东县于 1996 年被国家授予"中国芒果之乡"称号。田东香芒主要产于土地肥沃、光热充足，雨热同季，少霜无雪的右江盆地。成熟期在每年的 6 月，主要品种有紫花芒、红象牙芒、青皮芒、桂热 82 号、金煌芒、台农一号、凯特芒等。田东香芒外形美观、纤维少、肉质细腻、皮薄多汁、含糖量高、味香、品质极佳、耐储运，是送礼的佳品。"桂热 82 号"俗称"桂七芒"，又名青芒，树势中等，花期较迟，属晚熟品种，丰产稳产，果重 200~500 g。果形为 S 形，长圆扁形，果嘴明显，果皮青绿色，成熟后为绿黄色，有光泽，果肉乳黄色，中心果肉深黄色。肉质细嫩，纤维极少，味香甜，含糖量 20%，耐储运。该品种系广西百色田东县主栽品种。

【实验目的】

（1）初步了解芒果成熟期营养成分的变化趋势。
（2）基本掌握果实中营养成分的测定方法及原理。

【实验原理】

1. 苯酚-硫酸法测总糖含量

用于糖含量测定的方法有很多，一类是利用了糖的还原性，测定还原性糖的方法有 3,5—二硝基水杨酸盐（DNS）比色法和 Somogyi-Nelson 法。另一类测定方法，也是现在普遍使用的方法，是利用糖在强酸性条件下脱水生成糠醛或其衍生物，然后再与酚类或胺类化合物缩合，生成有特殊颜色的物质的这一性质进行测定，这类方法有地衣酚-硫酸法、苯酚-硫酸法和蒽酮-硫酸法。

苯酚-硫酸法测定糖含量是由 Dubois 等提出的，其基本原理是：在浓硫酸作用下，多糖或寡糖水解生成单糖，并迅速脱水生成糠醛衍生物，然后与苯酚缩合成橙黄色化合物，在 490 nm 处有最大吸收值，且颜色深浅在一定范围内与多糖含量呈线性关系。目前，苯酚-硫酸法多用于从水果、植物或药材中提取的总糖含量进行测定，本实验采用苯酚-硫酸法测定总糖的含量，通过对实验条件的优化，得到苯酚-硫酸法测定总糖含量的最佳条件。此法操作简单、快速、灵敏、重复性好，对每种糖仅需制作一条标准曲线。

2. 磷钼蓝法测维生素 C（VC）

维生素 C（L-抗坏血酸）具有二烯醇结构有强还原性，显旋光性。在含有钼酸盐离子和铋离子的酸性溶液中，由于钼酸盐离子和铋离子的共同作用，正磷酸盐离子将被抗坏血酸（维生素 C）还原成磷钼酸盐，并呈现出蓝色。

还原型维生素 C 的测定方法很多，如：荧光法、2,6—二氯靛酚法、碘量滴定法，此外还有流动注射法、原子吸收法、新亚铜试剂法、高效液相法、荧光光度法。但碘量法工作量很大，且标准碘液不稳定。电化学法及高效液相由于条件要求太高，以致不易于推广使用。目前，在水果中测定维生素 C 的方法应用最为普遍的是 2,6—二氯靛酚法。但多数水果蔬菜样品液都有颜色，使滴定终点不易确定，有的即使用脱色剂也很难脱色，且造成 V_C 的损失。

本实验选用钼蓝法，因磷钼酸盐经还原剂 VC 还原后，可以生成亮蓝色的钼蓝的络合物，通过分光比色可以测定水果中还原型 VC，且不受样液颜色的影响。

反应如下：

$HPO_3 + H_2O \rightarrow H_3PO_4$,

$2H_3PO_4 + 24(NH_4)_2MoO_4 + 21H_2SO_4 \rightarrow 2[(NH_4)_3PO_4 \cdot 12MoO_3] + 21(NH_4)_2SO_4 + 24H_2O$,

$2(NH_4)_2PO_4 \cdot 12MoO_3 + C_6H_8O_5 + 3H_2SO_4 \rightarrow 3(NH_4)_2SO_4 + C_6H_6O_5 + 2(Mo_2O_5 \cdot 4MoO_3)_2HPO_4$

    还原型 VC   氧化型 VC   钼蓝

用维生素 C 作还原剂，可将其中的 Mo（Ⅵ）还原为 Mo（Ⅴ），生成蓝色的磷钼蓝，其 λ_{max} = 700 nm，在较大的浓度范围内，遵循朗伯-比耳定律，然后用标准曲线法测定试样中 VC 的含量。

3. NaOH 中和滴定法测定可滴定酸

根据酸碱中和反应的实质：$H^+ + OH^- \rightleftharpoons H_2O$ 即 $k \cdot C_{标} \cdot V_{标} = C_{待} \cdot V_{待}$。用已知物质量浓度的酸（或碱）来测定未知物质量浓度的碱（或酸），即酸碱中和滴定法。这种方法具有成本低、操作简便等优点，是较为理想的方法，故本实验采用此法。

4. 手持糖量计测可溶性固形物

手持糖量计又叫手持折光仪或糖度计，主要用于测定糖度。它是根据不同浓度的糖液具有不同折射率的原理制造的，是在 20 ℃ 时，以蔗糖为基准物质进行校定的。用它能快速、准确测量含糖溶液的浓度及折射率，通过换算可测定其它非糖溶液的浓度及折射率，广泛用于制糖、食品饮料、农业科研、化工、纺织、机械加工等行业。

其测定方法是：分开折光仪的两面棱镜，以脱脂棉蘸乙醚或二甲苯擦净，用玻璃棒取果实原汁滴于折光仪棱镜平面的中央，迅速闭合上下二棱镜。对准光源，由目镜观察，并旋动微动螺旋，使明镜两部界限明晰，记录标尺上明镜分界线所示数字，即为可溶性固形物百分数。

【仪器和试剂】

仪器：分析天平，台式天平，移液枪，移液管，试管，试管架，研钵，离心管，烧杯，量筒，干燥箱，可见光分光光度计，恒温水槽，托盘，容量瓶，高速冷冻离心机，秒表，恒温水浴锅。

试剂：苯酚试剂，浓硫酸，NaAc-HAc 缓冲溶液，$(NH_4)_2MoO_4$ 溶液，NaH_2PO_4 溶液，$Bi(NO_3)_3$-H_2SO_4 溶液，NaOH 溶液。

实验材料及处理方法："桂七香芒"购自广西田东某果园，成熟度约为八成熟，果皮呈绿色。每隔 3 d 采一次样测定营养成分，每个样品 3 次重复。

【实验步骤】

1. 试剂的配制

（1）pH 值为 5.5 的 HAc-NaAc 缓冲液。

A 液：量取 1.15 冰醋酸溶于蒸馏水中定容到 100 mL。

B 液：称取 2.722 g NaAc·$3H_2O$ 溶于蒸馏水中定容到 100 mL。

分别移取 A 液 11.5 mL，B 液 88.5 mL 充分混合到 100 mL 容量瓶中。

（2）$(NH_4)_2MoO_4$ 溶液。

称取 $(NH_4)_2MoO_4$ 固体 1.7 g 于烧杯中，加入蒸馏水 150 mL，加热溶解，冷却后转至 250 mL 容量瓶，用 3 mol/L H_2SO_4 溶液稀释至刻度。

（3）NaH_2PO_4 溶液（质量分数 2%）。

准确称量 1.00 g NaH_2PO_4 固体，用 49 mL 蒸馏水定容到 50 mL 容量瓶中。

（4）$Bi(NO_3)_3$-H_2SO_4 溶液。

准确称 2.5 g $Bi(NO_3)_3 \cdot 5H_2O$ 于烧杯中，加 3 mol/L H_2SO_4 溶液 100 mL 溶解，转至 250 mL 容量瓶，用 3 mol/L H_2SO_4 溶液稀释至刻度。

（5）5%苯酚溶液。

量取 AR 苯酚 0.5 mL 用 9.5 mL 蒸馏水稀释到 10 mL 容量瓶中。

2. 可溶性固形物的测定

取香芒果实的果肉榨汁，用手持测糖计测定果汁中可溶性固形物，平行测定 5 次，结果以平均数计。

3. 总糖的测定

称 1 g 香芒的果肉，加少许蒸馏水研磨成浆，定容于 100 mL，摇匀后取上层清液 1 mL，定容于 50 mL。取 0.5 mL 稀释液，加 0.3 mL 苯酚试剂，摇匀，立即沿管壁加浓硫酸 1.8 mL，室温放置 20 min 后测定 A_{490}。计算其总糖含量。平行测定 3 次取平均值。

4. 维生素 C 的测定

称 5 g 香芒的果肉，加少许蒸馏水研磨成浆，定容于 100 mL。取 3 支 25 mL 试管，依次加入 NaAc-HAc 缓冲溶液 3 mL，$(NH_4)_2MoO_4$ 溶液 3 mL，NaH_2PO_4 溶液 2 mL，$Bi(NO_3)_3$-H_2SO_4 溶液 1 mL，摇匀；移取 10 mL 试液于试管定容至刻度，摇匀；85 ℃ 恒温水浴 10 min，室温放置 20 min 后测定 A_{700}。计算其 VC 含量。平行测定 3 次取平均值。

5. 可滴定酸的测定

称 5 g 果肉，加少许蒸馏水研磨成浆，定容于 250 mL，吸取上层清液 50 mL 于 100 mL 三角瓶中加酚酞试剂后用 0.001 mol/L NaOH 溶液滴定。记录氢氧化钠的用量。平行测定 3 次取平均值。按苹果酸计算可滴定酸。

【结果与分析】

整理试验数据，分析实验结果，根据实验过程中出现的问题，提出进一步的解决方案，并对出现的问题进行讨论。实验结果要求图表结合但不要重复。

思考题

1. 浓硫酸为什么要沿管壁加入？它起什么作用？
2. 芒果成熟期总糖含量变化应呈什么趋势？

参考文献

[1] 何英姿，吕鸣群，梁锦添，等.喷施蔗糖基聚合物对几种亚热带水果甜度影响初报[J].中国南方果树，2004，33（6）：50-51.

[2] 何英姿，魏远安，姚评佳，等.蔗糖基聚合物对荔枝的增甜作用及其机理初探[J].湖北农业科学，2006，（5）：106-108.

[3] 何英姿，吕鸣群，姚评佳，等.蔗糖基聚合物处理芒果常温保鲜试验[J].中国果树，2004，（4）.

[4] 奚长生.磷钼蓝分光光度法测定维生素C[J].光谱学与光谱分析，2001，21（5）:723-725.

[5] 邵雪玲，毛歆，郭一清.生物化学与分子生物学实验指导[M].武汉：武汉大学出版社，2003，108～109.

实验九　富川脐橙果实中四种蔗糖代谢酶活性研究

【背景知识】

橙子亦称橙,橙又名"黄果"、"金环",是世界四大名果之一,品种较多,原产我国,栽培历史悠久,是我国南方的重要水果之一,属于柑橘类。柑橘是世界第一大果树品种,在世界百果中面积、产量均居首位。全世界的柑橘种植面积约为 740 万 hm^2,产量有 1 亿多 t,橙汁占世界果汁总量的 60% 左右。全球有 135 个国家和地区生产柑橘,有 40 多个国家主产柑橘,其年贸易量达 65 亿美元,是第三大贸易农产品(前两位为小麦 160 亿美元、玉米 90 亿美元)。中国是柑橘的主要原产国之一,有文字记载的栽培历史达 4 000 多年[1]。橙子的营养丰富,含有维生素 A、B、C、D 及柠檬酸、苹果酸、果胶等成分。据美国医学最新调查发现,多吃橙子可预防胆结石,因为橙子中的维生素 C 可以抑制胆固醇在肝内转化为胆汁酸,从而使胆汁中胆固醇的浓度下降,两者聚集形成胆结石的机会也就相应减少。此外,橙皮中所含有的果胶也可以促进食物通过胃肠道,使胆固醇更快地随粪便排出体外,以减少胆固醇的吸收。在众多橙子中,广西富川脐橙品质极佳,以其色泽鲜艳、肉质脆嫩、风味浓郁、无核、化渣而著名。曾在 2001 年泰国国际农牧业科技成果暨产品推广博览会上获优秀产品金奖,同年中国绿色食品中心批准使用绿色食品标志;2004 年创建全国无公害水果生产示范基地县,并通过了无公害产地认定;2005 年在自治区农业厅组织的广西 22 种时令水果品质评价中,富川脐橙名列榜首;2006 年"富江"牌脐橙荣获中国名牌农产品称号;2008 年列为自治区大庆制定用果;2009 年通过国家工商总局、商标局评选,获得富川脐橙地理标志证明商标。独特的土地资源和自然环境,造就了富川脐橙,其特点是色泽鲜艳、肉质脆嫩,风味浓郁,无核化渣,可溶性固形物(主要指含糖量)高达 13% ~ 15%。一般来讲,可溶性固形物超过 13% 的水果,就属于清甜型。

广西的亚热带气候昼夜温差不大,不利于水果糖分的积累。大量的研究[2]表明蔗糖代谢相关酶对果实中糖的代谢和积累具有重要的影响,这些酶主要包括中性转化酶（Neutral Invertase，NI）、酸性转化酶（Acid Invertase，AI）、蔗糖合成酶（Sucrose Synthase，SS）和蔗糖磷酸合成酶（Sucrose Phosphate Synthase，SPS）。在高等植物中，AI 和 NI 催化蔗糖分解为单糖，SS 既能催化蔗糖合成又能催化蔗糖分解，SPS 被认为是催化蔗糖合成的主要酶。对果树的研究表明，在苹果和葡萄果实发育早期蔗糖含量与转化酶活性呈负相关；在成熟的香蕉和猕猴桃等果实中 SPS 活性的升高与蔗糖的积累密切相关；SS 在桃果实发育后期的蔗糖积累中可能起重要作用。

转化酶（invertase）又称蔗糖酶或 β-呋喃果糖苷酶。在蔗糖代谢中催化如下反应：蔗糖 + H_2O →果糖 + 葡萄糖。转化酶包括酸性转化酶（Acid Invertase，AI）和中性转化酶（Neutral invertase，NI），也有报道碱性转化酶的存在[3]。AI 的最适 pH 值在 3.0~5.0，又可分为可溶性 AI 和不溶性 AI 两种，前者分布在液泡中或细胞自由空间，后者存在于细胞间隙并结合在细胞壁上。NI 的最适 pH 值在 7.0 左右，大多认为是一种胞质酶[4]。报道的转化酶的分子量大小从 50~80 kD，为单体或二聚体。目前转化酶的基因已从番茄、胡萝卜、玉米、马铃薯、甘蔗、葡萄[5]等作物中被克隆。

蔗糖合成酶（Sucrose Synthase）是一种存在于细胞质中的可溶性酶，有些不溶性的 SS 附着在细胞膜上。催化如下可逆反应：果糖 + UDPG→蔗糖 + UDP。（蔗糖合成最适 pH 值 8.0~9.5，蔗糖裂解最适 pH 值 5.5~6.5。SS 是由分子量约为 83~100 kD 的亚基构成的四聚体。植物生长发育中 SS 既可催化蔗糖合成又可催化蔗糖分解，但通常认为 SS 主要起分解蔗糖作用，为胞壁提供合成底物和合成淀粉，它的活性在那些合成淀粉或是细胞壁的组织中最高[6]。

蔗糖磷酸合成酶（Sucrose Phosphate Synthase）是一种可溶性酶，活性最适 pH 值约为 7.0，存在于细胞质中，催化如下可逆反应：UDPG + 6—磷酸果糖→6—磷酸蔗糖 + UDP。上述反应的生成物 6—磷酸蔗糖通常由 SPP（磷酸蔗糖磷酸化酶）迅速降解成蔗糖和磷酸根离子；而 SPS 和 SPP 又是以复合体的形式存在于植物体内，所以 SPS 催化蔗糖生成在事实上是不可逆的[7]。SPS 在 1955 年由 Leloir 首次在小麦胚芽中测到；1959 年在萌发的小麦和 1969 年在水稻种子也发现其存在。随着研究材料范围的扩大和深入，人们发现光合组织和非光合组织（果实）中都广泛存在着 SPS。

糖积累是果实品质形成的关键，而蔗糖代谢又是糖积累的重要环节，故许多学者试图从蔗糖代谢相关酶的活性变化来探讨果实糖积累的机理。十多年来人们对苹果、葡萄、猕猴桃、草莓、芒果、桃和柑橘的研究发现，蔗糖代谢相关酶与果实糖积累之间存在着密切联系，这无疑为进一步了解果实糖积累机理奠定了基础。赵智中等[8]研究发现，在温州蜜柑果实的不同发育阶段和不同组织中，不同的酶对糖积累的影响不完全一致。幼果期和膨大期温州蜜柑果实中转化酶对蔗糖积累的影响较大，随着转化酶活性降低，蔗糖逐渐积累，这与苹果和葡萄果实发育早期蔗糖含量与转化酶活性呈负相关相一致。果实进入着色期后蔗糖的迅速积累与 SPS 活性升高相一致，这样的结果在香瓜、香蕉、猕猴桃、草莓、芒果和兴津温州蜜柑果实中有体现。蔗糖在进入果实后或被消耗或被积累，正是蔗糖代谢酶在蔗糖的积累和消耗之间起重要调节作用。所以要全面了解富川脐橙果实中糖积累的机理，就必须对糖的运入、糖代谢酶的活性变化和糖的代谢消耗进行综合研究，而本实验侧重研究蔗糖代谢酶的活性变化。

【实验目的】

（1）学习利用水杨酸、蒽酮比色法测定转化酶和蔗糖酶的方法。

（2）了解富川脐橙样品的预处理方法，掌握使用紫外测吸光度的方法。

【实验原理】

蔗糖的代谢主要包括合成和降解两个过程，在合成过程中起作用的代谢酶有 SS 和 SPS，而对蔗糖的降解起作用的代谢酶有 NI 和 AI。蔗糖的合成有两条途径：一是蔗糖合成酶（SS）途径，蔗糖合成酶（作为反应的催化剂）能利用 UDPG 作为葡萄糖的供体与果糖合成产生蔗糖：UDPG + 果糖→蔗糖 + UDP；二是蔗糖磷酸合成酶（SPS）途径，此合成途径包括两步反应，首先由 6—蔗糖磷酸合成酶催化 UDPG 与 6—磷酸果糖生成 6 磷酸蔗糖，再经磷酸酯酶作用，水解脱去磷酸基团，形成蔗糖。反应如下：UDPG + F—6—P →6—磷酸蔗糖 + UDP，6—磷酸蔗糖 + H_2O→蔗糖 + Pi。其中第二种途径是蔗糖生物合成的主要途径[9]。而蔗糖的降解主要由 NI 和 AI 催化蔗糖的水解反应：蔗糖 + H_2O→葡萄糖 + 果糖。植物体内运输的蔗糖可通过先降解再合成的方式合成蔗糖，即蔗糖经过韧皮部卸出而进入库细胞，在转化酶或蔗糖合成酶作用下，转化为（磷酸）己糖，然后，再在催化蔗糖合成酶的作用下合成蔗糖。

酶活力（Enzyme Activity）也称酶活性，是指酶催化一定化学反应的能力。酶活力的大小可以用在一定条件下，它所催化的某一化学反应的反应速率来表示，即酶催化的反应速率愈快，酶的活力就愈高，反之，速率愈慢，酶的活力就愈低。所以测定酶的活力就是测定酶促反应的速率，由于测定的方法不同酶活性的单位也会不同。酶是一种活性蛋白质。因此，一切对蛋白质活性有影响的因素都影响酶的活性。酶与底物作用的活性，受温度、pH值、酶液浓度、底物浓度、酶的激活剂或抑制剂等许多因素的影响。其中，温度是一个尤为重要的参数，对测定结果影响很大。温度的变化对反应速率影响非常显著，例如，温度上升1 ℃会导致反应活性增加10%。因此，本试验应当在严格控制温度和保证其它因素一定的条件下测定酶的活性。NI 和 AI 活性的测定采用水杨酸法比较方便，而 SS 和 SPS 的活性测定则可以采用间苯二酚法和蒽酮比色法。

1. 转化酶的测定方法

3，5—二硝基水杨酸与还原糖共热，可被还原成棕红色氨基化合物。因此采用3，5—二硝基水杨酸法对中性转化酶（NI）和酸性转化酶（AI）进行测定，该法操作简单快速，分辨率高及重复性好。

2. 蔗糖酶的测定方法

糖类遇浓硫酸脱水生成糠醛及其衍生物，该衍生物与蒽酮发生反应，反应后溶液呈蓝绿色，于 620 nm 处有最大吸收，反应较稳定。因此蔗糖合成酶（SS）和蔗糖磷酸合成酶（SPS）的酶活性采用蒽酮比色法测定。

【仪器和试剂】

仪器：VLS-7220 型分光光度计，冷冻离心机，恒温水槽。

试剂：磷酸缓冲液、$MgCl_2$、EDTA、巯基乙醇、TritonX100、蔗糖、3，5—二硝基水杨酸、UDP-葡萄糖、果糖、KOH、蒽酮、硫酸、果糖—6—磷酸、葡萄糖—6—磷酸。

【实验步骤】

1. 实验材料的处理

采集大小一致，85%果面着色，果实未变软的富川脐橙，在采收当天用 800～1 000 倍的"鲜宝"或"特克多"药液中浸 1 min，捞出后，放在阴凉通风处预储 1~2 d，果面水分干后，再进入储藏室内储藏。晾干后放置在纸箱内，果之间用纸皮隔开，纸箱四周打洞，叠放于室内，在自然通风条件下储存，储藏期为一个月。储藏期间每 5 d 取果样测酶活性。

2. 酶活性的测定

（1）酶提液的提取

取样重复 3 次，每次测定 2 次取均值。每个样本取 1 g 果肉，加入 5 mL 预冷的提取缓冲液[50 mL 中含 45 mL 0.1 mol·L^{-1} 磷酸缓冲液（pH = 7.5），2 mL 5 mmol·L^{-1} MgCl$_2$，2 mL 1 mmol·L^{-1} EDTA，0.5 mL 0.1%巯基乙醇，0.5 mL 0.1%TritonX100]冰浴下匀浆后，10 000 r·min^{-1} 离心 15 min，上清液倒入 10 mL 刻度试管，沉淀用 4 mL 的提取液再提取 1 次，合并上清液定容至 10 mL，作为酶提液。

（2）中性转化酶

取 0.1 mL 酶提液加入 1 mL 的反应液[1 mL 1%蔗糖，0.1 mL 0.1 mol L^{-1} 磷酸缓冲液（pH = 7.5），10 μL 5 mmol·L^{-1} MgCl$_2$，10 μL 1 mmol·L^{-1} EDTA]在 34 ℃下反应 1 h 后，沸水浴 5 min 以终止反应。用 3,5—二硝基水杨酸法测定还原糖含量；另取 0.1 mL 酶提液沸水浴 10 min 作为对照。用两者的差值来计算还原糖产生速率，表示转化酶的活性，单位为 mg·g^{-1}·h^{-1}·FW。

（3）酸性转化酶

取 0.1 mL 酶提液加入 1 mL 的反应液[1 mL 1%蔗糖，0.1 mL 0.1 mol L^{-1} 醋酸缓冲液（pH = 5.5）]在 34 ℃下反应 1 h 后，沸水浴 5 min 以终止反应。用 3,5—二硝基水杨酸法测定还原糖含量；另取 0.1 mL 酶提液沸水浴 10 min 作为对照。用两者的差值来计算还原糖产生速率，表示转化酶的活性，单位为 mg·g^{-1}·h^{-1}·FW。

（4）蔗糖合成酶

取 50 μL 酶提液加入 50 μL 的反应液[用移液枪分别加 15 μL 4 mmol·L^{-1} UDP-葡萄糖，15 μL 0.06 mol·L^{-1} 果糖，10 μL 15 mmol·L^{-1} MgCl$_2$，10 μL 0.1 mol·L^{-1} 磷酸缓冲液（pH = 8.0）]，在 34 ℃下反应 1 h 后加入 0.2 mL 的 30%KOH，转入沸水浴 10 min 终止反应，冷却至室温，混匀后加入 3.5 mL 的蒽酮溶液[0.15 g 蒽酮溶于 100 mL 81%硫酸]在 40 ℃下反应 20 min 后冷却，测定在 620 nm 的吸光值；对照取 50 μL 酶提液在沸水浴杀酶 10 min 后，其余操作

同上。用两者的差值来计算蔗糖的合成量,表示蔗糖合成酶活性,单位为 mg·g^{-1}·h^{-1}·FW。

(5)蔗糖磷酸合成酶

取 50 μL 酶液加入 50 μL 的反应液[用移液枪分别加 10 μL10mmol·L^{-1}UDP-葡萄糖,10 μL 5 mmol·L^{-1} 果糖—6—磷酸,10 μL15mmol·L^{-1} 葡萄糖—6—磷酸,10 μL 15 mmol·L^{-1}MgCl$_2$,5 μL l mmol·L^{-1}EDTA,5 μL0.1mol·L^{-1} 磷酸缓冲液(pH = 8.0)],在 34℃ 下反应 30 min 后加入 0.2 mL 的 30%KOH,转入沸水浴 10 min 终止反应,冷却至室温,混匀后加入 3.5 mL 的蒽酮溶液 [0.15 g 蒽酮溶于 100 mL81%硫酸]在 40 ℃ 下反应 20 min 后冷却,测定在 620 nm 的吸光值;对照取 50 μL 酶液在沸水浴杀酶 10 min 后,其余操作同上。用两者的差值来计算蔗糖的合成量,表示蔗糖磷酸合成酶活性,单位为 mg·g^{-1}·h^{-1}·FW。

1. 果实在成熟期甜度增加,甜味来自于什么物质?
2. 蔗糖的合成有哪些途径?

参考文献

[1] 王川. 中国柑橘生产与消费现状分析[J]. AO 农业展望,2006,1:8-12.

[2] 张秀梅,杜丽清,谢江辉,等. 蔗糖代谢相关酶在卡因菠萝果实糖积累中的作用[J]. 果树学报,2006,23(5):707-710.

[3] Chengappa S, Guilleroux M, Phillips W. Transgenic tomato plants with decreased sucrose synthase are unaltered in starch and sugar accumulation in the fruit [J]. *Plant Mol Biol*,1999,40:213~221.

[4] Stommel JR, Simon PW. Multiple forms of invertase from *Daucus carota* cell cultures[J]. *Phytochem*,1990,29:2087~2089.

[5] 张明方,李志凌. 高等植物中与蔗糖代谢相关的酶[J]. 植物生理学通讯,2002,38(3):289-295.

[6] McCollum TG, Huber DJ, Cantliffe DJ. Soluble sugar accumulation and activity of related enzymes during muskmelon fruit development [J]. *JA mer Soc Hort Sci*, 1988, 113:399~403.

[7] Hawker J S. Enzymes concerned with sucrose synthase and transformation in seeds of maize, broad bean and castor bean[J]. *Phytochem*, 1971, 11: 2313~2322.

[8] 赵智中，张上隆，徐昌杰等.糖代谢相关酶在温州蜜柑果实糖积累中的作用[J]. 园艺学报，2001，28（2）：112~118.

[9] 靳利娥，刘玉香，秦海峰，等. 生物化学基础[M]. 北京：化学工业出版社，2007，7：162-163.

实验十　双水相法提取葡萄皮渣中的白藜芦醇

【背景知识】

毛葡萄（Vitis Quinquangulanis Rehd.）原产于我国，是广西野生葡萄资源中分布最广、蕴藏量最大的种类。广西产区利用毛葡萄浆果酿造的红葡萄酒，以独特的山野味、果香浓郁醇厚的酒质及纯天然绿色食品的市场定位而深受消费者青睐，一直供不应求，推动了我区葡萄酒酿造业的发展。目前，广西毛葡萄种植面积已达 8.7 万亩，随着广西野生毛葡萄酒品牌知名度在国内外不断提升，广西产区出现了加工推动野生毛葡萄资源开发的局面。因此，广西野生毛葡萄的深加工及综合利用是值得广大科技工作者深入研究的重要课题。

白藜芦醇（Resveratrol，Res）是含有芪类结构的非黄酮类多酚化合物，分子式为 $C_{14}H_{12}O_3$，MW228.2，其化学名称为反式—3，4，5—三羟基 1，2—二苯乙烯（trans—3，4，5—trihydroxystilbene）。红葡萄酒中的白藜芦醇主要来源于葡萄果皮，葡萄酒发酵过程中由于乙醇的浸渍作用，使白藜芦醇从葡萄果皮和种子中转移至葡萄酒中。现代药理实验证明，白藜芦醇能够阻止低密度脂蛋白的氧化，具有抗菌、抗脂质过氧化、防治心脏病、抗癌、抗血小板凝集与血管松弛、降低血脂和抗诱变等多种药理作用，并被确认为抗肿瘤剂和治疗心血管疾病的有效成分，特别是抗癌、抑癌作用被誉为"20世纪末本领域最新的科学发现"，因此被喻为继紫杉醇之后的又一新的绿色抗癌药物。

当前广西野生毛葡萄主要用于酿制山葡萄酒，其葡萄皮、果梗和种籽是原料中的主要废弃物，因此可以从这些废弃物中提取白藜芦醇，这为毛葡萄的开发和利用提供了一条高附加值的综合利用途径。

双水相萃取技术（aqueous two-phase extraction，ATPE）始于 20 世纪 60年代，常用的体系为聚乙二醇/葡萄糖和聚乙二醇/无机盐等，现已被广泛应用于生物制品和天然产物的分离等领域。

【实验目的】

（1）学习利用双水相法提取白藜芦醇。
（2）掌握双水相体系的选择和建立方法。
（3）了解白藜芦醇的定性和定量检测方法。

【实验原理】

双水相体系是指某些有机物之间或有机物与无机盐之间，在水中以适当的浓度溶解后形成互不相溶的两相或多相水相体系。双水相体系萃取分离原理是基于物质在双水相体系中的选择性分配。由于水溶性高聚物大多黏度较大，难以挥发，需要反萃取，使后续的分离较为麻烦。经研究证明，能与水互溶的有机溶剂在无机盐的存在下可以形成具有溶剂易回收、成本低、绿色环保、黏度小等特点的双水相体系。

【仪器和试剂】

材料：葡萄皮渣，取自广西都安密洛陀野生毛葡萄酒有限公司，品种为桂葡一号。

仪器：高效液相色谱仪，Waters ALLIANCE 2695；电子天平（北京赛多利斯天平有限公司）；100 g 手提式高速中药粉碎机 DFT-100（温岭市林大机械有限公司）；标准筛（孔径 0.600 mm，60 目），上虞市五四仪器厂；R-1001N 旋转蒸发仪（郑州长城科工贸有限公司）；SHB-Ⅲ循环水式多用真空泵（郑州长城科工贸有限公司）；电热恒温干燥箱（上海跃进医疗器械厂）；WB-2000 水浴锅（郑州长城科工贸有限公司）；TGL-16G-C 高速台式冷冻离心机（上海安亭科学仪器厂）；TU-1901 双光束紫外可见分光光度计（北京普析通用仪器有限公司）；KQ-400B 超声波清洗机（巩义市予华仪器有限责任公司）；定性滤纸；圆底烧瓶等常用玻璃仪器。ZF-Ⅰ型三用紫外分析仪，上海顾村电光仪器厂；GF254 薄层层析硅胶板，产自青岛海洋化工厂。

试剂：氯化钠（AR，广东光华化学厂有限公司）；硫酸铵（AR，广东汕头市西陇化工厂）；磷酸氢二钠（AR，天津博迪化工股份有限公司）；乙腈为色谱纯；冰醋酸为分析纯；无水乙醇（AR，天津大茂化学试剂厂）；甲醇（AR，广东光华化学厂有限公司）；乙酸乙酯（AR，广东光华化学厂有限公司）；石油醚（AR，天津大茂化学试剂厂）；丙酮（AR，天津市北辰区方正试剂厂）。

【实验步骤】

1. 选择双水相体系

实验选择甲醇、乙醇、丙酮分别与水以一定的比例互溶,再加入定量的无机盐使之分层。其中,上层为有机相,下层为水相。由 R 值来判断双水相体系的分相效果。

$$R = V_上/V_上 + V_下$$

$V_上$、$V_下$——分相后上下两相的体积。

$$R^0 = V_上^0/V_上^0 + V_下^0$$

$V_上^0$、$V_下^0$——分相前有机溶剂与水的体积。

R 值与 R^0 值越接近表示分相效果越好,双水相体系越稳定。几种双水相体系的 R 值见表 10.1。

表 10.1 几种双水相体系的 R 值

无机盐	甲醇	乙醇	丙酮
氯化钠			
硫酸铵			
磷酸氢二钠			

注:分别称取 20 mL 甲醇、乙醇、丙酮,40 mL 蒸馏水,加入定量无机盐分层($R^0 = 0.33$)

由表 10.1 预期,甲醇、乙醇、丙酮与硫酸铵形成的双水相体系分相效果较好,因为丙酮与水分子之间的作用力相对于醇类与水分子之间的作用力较大,所以丙酮所形成的体系分相效果较差。根据白藜芦醇在有机溶剂中的溶解性能及绿色环保的宗旨,实验选择乙醇-无机盐-水体系。因为白藜芦醇在酸性条件下呈分子状态,相对稳定,在碱性条件下呈离子态,容易变性失活,所以选择乙醇-硫酸铵-水作为双水相体系。

2. 白藜芦醇提取

称取一定量的去离子水,向其中加入定量的无机盐,恒温搅拌均匀,再缓慢加入一定浓度的乙醇溶液,搅拌均匀使之分层,静置一段时间,制备得到实验所用的双水相体系。将酿酒葡萄皮渣粉碎,过筛(60 目),称取一定量粉末,用 80%乙醇,150 mL 在 70 ℃下超声提取 5 min,提取两次,合并提取液，经过滤，离心后减压浓缩。向制备好的双水相体系中加入定量的浓缩液，静置，收集上层液。

3. TLC 定性检测

在被洗涤干净的玻板（10 cm×3 cm 左右）上均匀地涂一层吸附剂或支持剂，带干燥、活化后将样品溶液用管口平整的毛细管滴加于离薄层板一端约 1 cm 处的起点线上，凉干或吹干后置薄层板于盛有展开剂的展开槽内，浸入深度为 0.5 cm。待展开剂前沿离顶端约 1 cm 附近时，将色谱板取出，干燥后喷以显色剂，或在紫外灯下显色。

4. HPLC 定量检测

色谱条件为：色谱柱：C18 柱，150 mm×3.9 mm（内径），4 μm，或相当者。流动相：乙腈+水+冰醋酸=25+75+0.09。流速：0.7 mL/min。紫外检测器：波长 306 nm。柱温：室温。进样量：10 μL。

思考题

1. TLC 定性检测时如何确定展开剂？
2. 分析表 10.1 的实验数据，双水相体系的建立主要考察哪些因素？
3. 除了双水相法，还有哪些方法也可以用于白藜芦醇的提取？试比较哪种方法更好。

参考文献

[1] 朱建华，彭宏祥，张瑛. 广西毛葡萄生产存在的问题及对策探讨[J]. 广西农业科学，2006，37（1）:78-80.

[2] 郭景南，潘兴，王季桂.葡萄属植物白藜芦醇的研究进展[J]. 果树学报，2002，19（3）：199~204.

[3] Yang SS, Lu WC, Bao BR. Progress in aqueous two-phase extraction technique and its applleation. Chem Engineer, 2004, 4: 37-40.

[4] Pan IH, Chiu HH, Lu CH, et al. Aquoeous two-phase extraction as an efective tool for isolation of genipuside from gardenia fruit. J

Chromatography A, 2002, 977: 239-246.

[5] Bleier J, Syddall M, Lyddiatt A, et al. Two-stage aqueous two-phase extractions: selection of system composition using a genetic algorithm. Biochem Engineer J, 2004, 21: 199-205.

[6] 李梦青, 耿艳辉, 刘桂敏, 张晴, 康彦芳, 等. 双水相萃取技术在白藜芦醇提纯工艺方面的应用[J]. 天然产物研究与开发, 2006, 18:647-649.

茶叶篇

广西茶叶资源简介

广西自然环境与区位环境优越。广西地处热带和亚热带，北回归线横贯全区中部，雨量充沛，无霜期长，多山地丘陵，很多地方适于种植茶叶，属于中国四大茶区中的华南茶区，很早的时候广西已经开始种植茶叶，历史上曾出现过多个全国闻名的贡品名茶品种。有桂平西山茶、覃塘毛尖、南山白毛等等，更有号称加工最早的黑茶——六堡茶。广西是茶树原产地之一，是我国重要的茶叶产区。茶叶产业是广西的优势产业。广西的茶园发芽早，封园晚，生长时间长，原料内含物质丰富，制作的茶叶产品风味独特，品质优良。每年茶叶的采摘一般要比其它产区提早20天~1个月，值得一提的是每年到12月份还有茶可采，采茶期比其它产区长1个多月，有着较好的气候和地理优势。其次，广西茶叶有品种的优势，目前，广西桂林茶科所就有300多个品种，品种资源十分丰富。

好山好水产好茶，独特的地理环境造就了广西成为全国知名的茶叶主产区。近二三十年来，由广西农业厅等农业主管部门牵头，广西凌云、昭平、三江等适于种茶的县市大力发展茶叶种植和生产，使得广西茶产业进一步做大做强，据统计，目前广西茶园总面积已经超过100万亩，干茶年产量3.75万t以上，跻身全国产茶省区前十名。茶产业已成为广西山区和少数民族地区农村经济发展的支柱产业。一大批优质的茶叶也应运而生，如凌云、昭平、三江、灵山、桂林等地的绿茶，凌云、昭平等地的红茶、横县的茉莉花茶、梧州的六堡茶（图7）等等，广西茶业协会会长郭异就认为，西南茶偏浓，江浙茶偏淡，广西茶浓淡适中，正好合适，又尤其是广西东北部和北部的，如三江、昭平、桂林等地的绿茶，色绿、香高、味鲜，品质并不比全国其它地区的名优绿茶差。

除了继续大力扶植本地茶叶品种外，近年来，广西陆续引进福云6号、安吉白茶、龙井 43 等优质茶树品种在凌云（图 8）、三江等地种植，并获得巨大成功，制作出来的茶叶成品品质也不错。

图 7　广西黑茶——梧州六堡茶

图 8　广西凌云白毫茶产区

广西茶叶资源丰富，好茶不少，无论是历史名茶还是新研制品种，都各具特色，中国工程院院士陈宗懋主编的《中国茶叶大辞典》曾对广西的横县南山白毛茶有过记述："春茶一芽二叶含氨基酸 4.2%，茶多酚 25.9%……果胶质含量高，适制绿茶。"业内认为，茶叶中含有的茶多酚超过 20% 以上，品质均属上乘，而横县南山白毛茶远胜这一比例。这也难怪在古书《粤西植物记要》里，横县的南山白毛茶被拿来和龙井对比，称"南山茶色胜龙井"。

除了横县南山白毛茶外，广西有多种茶叶多年来在国内外获奖无数：浪伏牌广西六堡茶、浪伏古茶曾获第八届"中茶杯"全国名优茶特等奖；灵山灵螺春绿茶 2010 年获首届"国饮杯"全国茶叶评比特等奖；柳城"伏虎茗珍"获第六届"中茶杯"全国名优茶评比特等奖；三江"天池绿剑"、"多耶楼剑兰"荣获第六届"中茶杯"全国名优茶特等奖。广西浪伏牌凌云白毫茶（图 9）还达到了欧盟和美国 MP 有机农产品标准。

此外，广西一些品质独特的茶也在全国一枝独秀，贺州昭平的银杉茶、横县的茉莉花茶和防城港的金花茶等，都是全国独有的地方特色的茶种。

中国—东盟茶叶交易中心是广西目前正在打造的最大的茶叶批发交易中心，目前已经有 629 家商户预约进驻。目前，正在建设中的"中国—东盟茶叶交易中心"正策划推出茶叶工业旅游，中心会每月开展各种活动，推出本地好茶推介，不仅让市民可以买到好茶，还可以参观制茶过程、亲自炒茶，把该中心打造成一个广西茶文化的民间博物馆，整合资源，推广广西好茶。

图 9　广西凌云白毫有机茶

实验十一 黑茶陈化过程中果胶酶及相关生化成分的变化

【背景知识】

黑茶是利用菌发酵的方式制成的一种茶叶，它的出现距今已有400多年的历史。黑茶一般原料较粗老，加之制造过程中往往堆积发酵时间较长，因而叶色油黑或黑褐，故称黑茶。黑茶属于后发酵茶，是我国特有的茶类，生产历史悠久，以制成紧压茶边销为主，主要产于湖南的安化县、湖北、四川、云南、广西等地。主要品种有湖南安化黑茶、湖北佬扁茶、四川边茶、广西六堡散茶、云南普洱茶等。

广西黑茶最著名的是六堡茶,因产于广西苍梧县六堡乡而得名,已有200多年的生产历史。六堡茶品质独特，外形厚实，色泽黑褐乌润，间有黄花，香气陈醇，汤色红浓明亮，滋味醇厚爽口，叶底黑褐，茶味隔夜不变，干茶耐于久藏。在清朝期间，六堡茶以其独特的"红、浓、陈、醇"四绝著称，以独特的槟榔香味而声名鹊起，被列为当时中国24种名茶之一。近年来，六堡茶已畅销日本、东南亚及全国20多个省市和地区，成为广西主要出口的商品。六堡茶需求的另外一个方面是其收藏价值。六堡茶是属于类似普洱茶的一种黑茶，耐于久藏，越陈越醇的特点。

对六堡茶而言，所谓越陈，就是适宜条件下陈化时间比较长。在梧州，六沤茶在渥堆发酵结束后，经蒸软压笠，待茶叶水分下降到15%~20%，再放置于阴凉湿度较大的山洞或有地气的地下仓库内自然陈化3~6个月，然后移到阴凉干爽较为密闭的仓库下自然陈化。长期的品评实践经验表明，陈化时间共计至少在3年以上，其好处才会明显体现出来，这才能算作陈年六堡茶。

果胶酶（PG）是指分解果胶质的多种酶的总称，它可分为两大类：解聚酶和果胶酯酶。果胶酶广泛存在于植物果实和微生物中，外观呈浅黄色粉末状。果胶酶主要用于果蔬汁饮料及果酒的榨汁及澄清，对分解果胶具有良好的作用。茶树新梢中含有较高的果胶质。这些果胶物质与茶叶外形、油润度及条素紧结有关，在果胶酶的作用下水解的产物能增进茶汤浓度和黏稠性，使汤味甘醇。

【实验目的】

（1）学习利用DNS比色法测定果胶酶活性。
（2）掌握茶叶中茶多糖、粗纤维、水分的测定方法。
（3）了解黑茶陈化的基本原理。

【实验原理】

1. DNS比色法测果胶酶活性

DNS比色法是还原糖和纤维素酶活性常用的测定方法，且DNS试剂配置容易，反应时间短。果胶酶对果胶质起酯解、裂解、水解作用，产生半乳糖醛酸和寡聚半乳糖醛酸或不饱和的醛酸和寡聚半乳糖醛酸等物质，它们均含有一定量的醛基，具有一定的还原性。在一定的条件下，它们可以与具有氧化性的物质发生反应，从而通过确定产物量来间接地反映其活性。

2. 蒽酮比色法测糖含量

糖类在较高温度下被硫酸作用脱水生成糠醛或糠醛衍生物后与蒽酮（$C_{14}H_{10}O$）作用形成蓝绿色络合物，颜色的深浅与糖含量有关。在620 nm波长下的OD值与糖含量成正比。由于蒽酮试剂与糖反应的呈色强度随时间变化，故必须在反应后立即在同一时间内比色。该实验方法是一个快速而简便的定糖方法，蒽酮不仅能与单糖也能与双糖、糊精、淀粉等直接起作用，样品不必经过水解。

茶多糖（TPS）是水溶性的，不溶于高浓度乙醇、丙酮、乙酸乙酯等有机溶剂。本实验过程中茶多糖的测定先用醇沉淀法将茶多糖与其它成分初步分离，再用蒽酮比色法测其含量。

3. 重量法测粗纤维

测定粗纤维（CFC）是用硫酸、碱、乙醇、乙醚相继处理样品。硫酸水解某些不溶解的碳水化合物，碱能使蛋白质转变成可溶态并除去脂肪及溶解不能被酸溶解的半纤维素及某些木素。酒精和乙醚能抽出树脂、单宁、色素及剩余脂肪和蛋白质。

4. 差量法测水分含量

植物组织中的水分是由被胶粒所固着的束缚水及不被胶粒所固着的自由水两部分组成。在高温条件下，植物中的水分可失去，则可通过称量高温处理前后植物的质量来得出水分的含量。

【仪器和试剂】

仪器：HH-S$_6$数显恒温水浴锅（金坛市医疗仪器厂）、GZX-DH.400-S-Ⅱ电热恒温干燥箱、100 g手提式高速中药粉碎机DFT-100（温岭市林大机械有限公司）、VIS-7220分光光度计、标准筛：孔径0.600 mm，40目（上虞市五四仪器厂）、定性滤纸。

材料：六堡茶散茶，由广西梧州茶厂提供。每隔15 d进行一次对果胶酶的活性以及水分、水溶性糖、茶多糖、粗纤维的含量的测定，自然陈化时间共3个月，研究自然陈化过程中六堡茶茶叶中果胶酶的活性以及相关生化成分含量的变化。

试剂与药品：氢氧化钠（AR）：上海市四赫维化工有限公司；三水合乙酸钠（AR）、乙醇（AR）、丙酮（AR）、冰醋酸（AR）、水合茚三酮（AR）：广东光华化学有限公司；浓硫酸（95%～98%）：廉江市爱廉化剂有限公司；蒽酮（AR）：天津市科密欧化学试剂开发中心；3,5—二硝基水杨酸（CP）：上海市国药集团化学试剂有限公司；无水乙醚（AR）：四川西陇化工有限公司；四水合酒石酸钾钠（AR），95%乙醇（AR），氯化亚锡（AR），果胶粉，柠檬酸（AR），柠檬酸钠（AR）。

【实验步骤】

1. 试剂的配制

2%茚三酮溶液：称取水合茚三酮（纯度不低于99%）2 g，加50 mL水和80 mg氯化亚锡（$SnCl·2H_2O$）搅拌均匀。分次加少量水溶解，放在暗处，静置一昼夜，过滤后加水定容至100 mL。

配制蒽酮硫酸试液：称取0.33 g蒽酮，加100 mL浓硫酸，置于棕色瓶中，混合摇匀置于冰箱中（现配现用）。

DNS试剂（3,5—二硝基水杨酸）：精确称取3,5—二硝基水杨酸1 g，溶于20 mL 2 mol/L NaOH溶液中，加入50 mL蒸馏水，再加入30 g酒石酸钾钠，待溶解后用蒸馏水定容至1 000 mL。盖紧瓶塞，勿使CO_2进入。若溶液混浊，可过滤后使用。

果胶：称取果胶粉0.25 g于小烧杯中，加入缓冲溶液，加热溶解，冷却，缓冲溶液定容至100 mL。

2 mol/L氢氧化钠：8 g氢氧化钠配置到100 mL容量瓶。

1.25%氢氧化钠：1.25 g氢氧化钠+98.75 mL水。

1.25%硫酸：浓硫酸 13 mL 稀释至 1 L。

柠檬酸缓冲液：pH = 3.8（14 mL 柠檬酸 + 6.0 mL 柠檬酸钠）

pH = 6.0（3.8 mL 柠檬酸 + 16.2 mL 柠檬酸钠）

（0.1 M 柠檬酸：21.01 g 配到 1 L，0.1 M 柠檬酸钠：29.41 g 配到 1 L）

2. 果胶酶活性的测定

取样 0.6 g，加预冷的 pH = 6.0 的柠檬酸缓冲液 5 mL，0.6 g pvpp 迅速匀浆 1 min，再加 5 mL 柠檬酸缓冲液，置冰箱中（4 °C）提取 24 h。然后低温（5 °C）离心 10 min（4 000 r/min），留上清液，即得粗酶液。

取 0.5 mL 酶液，加预热的 0.25%的果胶液（pH3.8 的柠檬酸钠缓冲溶液配制）2 mL，空白加入 2 mL 缓冲溶液，对照先加柠檬酸 0.5 mL 2 mol/L 的氢氧化钠破坏酶活性。置 45 °C 恒温水浴中反应 60 min 后，立即取出加 2 mol/L 的氢氧化钠终止反应。空白和样品同时加入 2 mLDNS，然后于沸水中煮沸 5 min 后取出，流水冷却。用蒸馏水定容至 25 mL，于波长 540 nm 处比色测定吸光值。

3. 茶多糖的测定

茶叶→取样（1 g）→磨碎（过 40～50 目筛）→温水浸提（10 mL 水浸提，离心得浸提液）→95%乙醇沉淀（50 mL 乙醇）→离心得沉淀物→无水乙醇、丙酮、无水乙醚交替搅拌洗涤 2 次→将沉淀溶解后定容→蒽酮比色法测 A_{620} 值。

4. 水溶性糖的测定

取 0.6 g 样品加 45 mL 蒸馏水，水浴后取滤液定容至 100 mL 溶液。取稀释液加入蒽酮硫酸溶液，立即混匀，置于水浴中，然后一并置于沸水浴中加热，之后迅速冷至室温，放置后，以蒸馏水做空白对照测 A_{620} 值。

5. 粗纤维的测定

将磨碎的样品 1 g 装入已知质量的称量瓶中，在分析天平上准确称量，无损失的倒入三角瓶中，于另一已知质量的称量瓶中烘干滤纸并称量。在烧瓶外壁，在相当于 200 mL 容量处用记号笔做记号。将 200 mL 1.25%的硫酸倒入瓶中，加热至沸腾再继续 30 min，加热时为防止激烈沸腾应经常搅拌。每 5 min 要向瓶中倒入沸水，使其内容物达到记号处，以保持浓度不变。

煮沸之后用带有已知质量的滤纸漏斗过滤并用热蒸馏水冲洗烧杯及漏斗，直至滤液用石蕊试纸呈中性反应为止。用 1.25%氢氧化钠溶液将滤纸上的沉淀物完全洗入瓶内,并将其加热至沸腾再继续 30 min,操作同上。煮沸冷却后,减压过滤,用 50 mL 左右沸蒸馏水洗涤残渣 2~3 次,再用酒精冲洗 2~3 次至滤液无色。

将滤纸和沉淀放入以前称过这张滤纸的称量瓶中,在 100~105 ℃ 的烘箱中烘至恒重并称重。

6. 水分的测定

将样品置于洁净的铝质烘皿连同盖置于 120 ℃ 的干燥箱中,加热 1 h,加盖取出,于干燥器内冷却至室温精密称量 2.000 g 于已知质量的烘皿中,置 120 ℃ 干燥箱内加热 1 h,加盖取出,于干燥器内冷却至室温,取质量差。

思考题

1. 茶多糖的测定先用醇沉法有什么好处?能用其它方法代替吗?
2. 果胶酶和纤维素酶有什么区别与联系?

参考文献

[1] 刘仲华,等.茯砖茶制造中主要酶类的变化[J].茶叶科学,1991(增刊):63-68.

[2] 宛晓春.茶叶生物化学[M].北京:中国农业出版社,2003:52-57.

[3] 周树红,龚淑英.普洱茶储藏过程中主要化学成分含量及感官品质变化的研究[J].茶叶科学,2002,22(1):51-56.

[4] 王若仲.纤维素酶、果胶酶在茶叶加工中的研究现状[M].贵州茶叶,1998,2(94):21-24.

[5] 周杨,段红萍,胡小静,等.云南普洱茶多糖提取工艺及翻堆样中含量测定的研究[J].食品科技,2007(6):110-112.

[6] 黄惠华,袁春华.茶树春梢生长期粗纤维含量的变化与节茎长度的相关性[J].湖南农学院学报,1990,16(4):337-341.

[7] 王月根,朱珩,仰永康.绿茶品质生化指标——茶叶粗纤维[J].茶叶科学,1981(3):14-18.

[8] 王增盛,等.茯砖茶制造中主要含氮,含碳化合物的变化[J].茶叶

科学，1991，11（增刊）：70.

[9] 孟魁.广西六堡茶产业现状分析[J].现代商贸工业，2009，No.6.

[10] 吴平.六堡茶之越陈越好，好在哪里[J].茶叶科学，2009，35（1）:22-24.

[11] 张志良，瞿伟菁.植物生理学实验指导[M].3版.北京：高等教育出版社，2003.

[12] 周杨，胡小静，周红杰，等.云南普洱茶水溶性碳水化合物的变化[J].湖南农业大学学报（自然科学版），2006，06（12）:625-627.

[13] 刘咏，成战胜.茶叶多糖的提取纯化及其单糖组分的鉴定[J].食品与发酵工业，2005，31（6）:134-135.

[14] 唐颢，等.乌龙茶新工艺做青期间果胶酶的活性变化及其生化效应研究[J].茶叶科学，2005，25（3）:197-202.

实验十二 广西六堡茶中咖啡因的提取和含量测定

【背景知识】

广西六堡茶为历史名茶，属黑茶类。因原产于广西壮族自治区梧州市苍梧县六堡乡而得名，其产制历史可追溯到 1 500 多年前。据《中国名茶志》等文献记载，苍梧六堡茶在清嘉庆年间（1801 年）以其特殊的槟榔香味而列为全国 24 种名茶之一[1]。现在主销广东、广西、港澳地区及东南亚。说起黑茶，众所周知的是云南普洱茶，但目前在市场上，有一种黑茶受到追捧，那就是梧州六堡茶[2]。六堡茶具有去湿、养胃、润肠、降脂减肥的保健功效，深受消费者喜爱[3]。六堡茶为灌木型中叶种，品种属槠叶种。为便于存放，六堡茶加工压制成圆柱形状。其汤色红浓明净似琥珀色，香气醇陈，滋味浓醇甘和，该茶的特点是越陈越佳。

茶叶中含有咖啡因，占 1%～5%；还含有 11%～12%的丹宁酸（鞣酸）、色素、纤维素、蛋白质等。咖啡因具有刺激心脏、兴奋大脑神经和利尿等作用，因此可用作中枢神经兴奋药，为复方阿司匹林等药物的组分之一。具有成瘾性，长期大剂量摄入会损害肝、肾、胃等内脏器官。茶叶中的咖啡因由于其所存在的生物环境，使它对中枢神经的作用比单独咖啡碱的作用要缓和[4]。另外，药理实验证明，茶叶里的咖啡因对儿茶素的防癌等功效具有协同作用[5]。

【实验目的】

（1）掌握索氏提取器的原理及其应用，学习固-液萃取的原理和方法，掌握升华原理及其操作。

（2）了解红外光谱仪、紫外-可见分光光度计的基本原理和仪器构造，学习紫外吸收光谱定量方法，掌握红外光谱仪、紫外-可见分光光度计的使用，掌握常用固体有机物红外的制样法。

【实验原理】

咖啡因（Caffeine）又称咖啡碱、茶素，化学名为 1，3，7—三甲基—2，6—二氧嘌呤，于 1820 年由林格（Runge）最初从咖啡豆中提取得到，其后在茶叶、冬青茶中亦有发现，我国于 1950 年从茶叶中提出。咖啡因为无色针状晶体，易溶于氯仿、水及乙醇等；100 °C 时即失去结晶水，并开始升华。咖啡因的化学式如下：

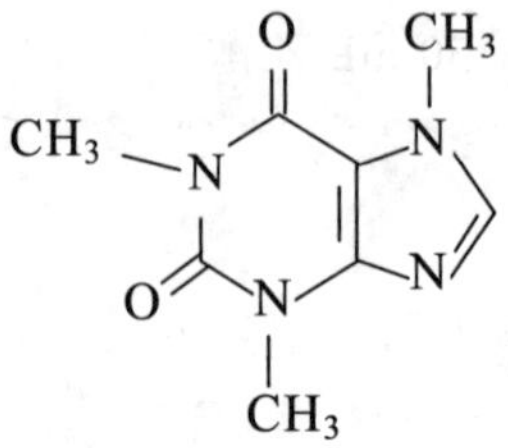

咖啡因作为药物使用，可以人工合成或提取而得。本试验采用索氏提取法从茶叶中提取咖啡因。利用咖啡因易溶于乙醇，可以升华等特点，以 95% 乙醇作溶剂，通过索氏提取器（或回流）进行连续抽提，浓缩和焙炒制得粗制咖啡因，再通过升华获取纯咖啡因。

咖啡因的结构可以通过测定熔点的方法加以确认，亦可采用光谱法加以鉴别。作为弱碱性化合物，咖啡因可与水杨酸作用生成熔点为 137 °C 的水杨酸盐。咖啡因的三氯甲烷溶液在 276.5 nm 下有最大吸收，其吸收值的大小与咖啡因的浓度成正比，从而可以进行定量测定。

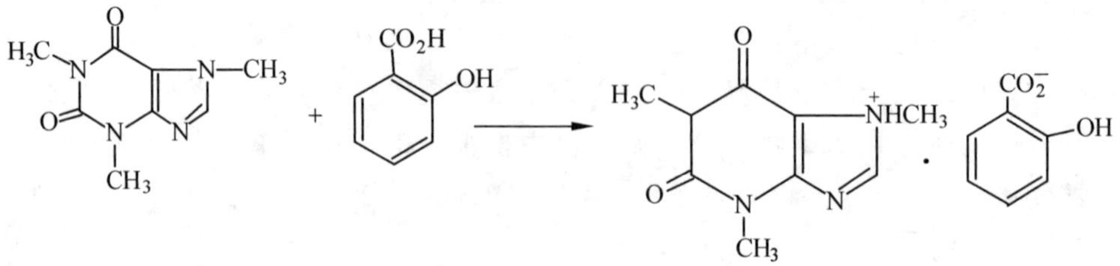

【仪器和试剂】

仪器：红外光谱仪器，压片机，紫外分光光度计，索氏提取器。

试剂：茶叶，95%乙醇，生石灰，三氯甲烷，溴化钾，无水硫酸钠，高锰酸钾溶液（1.5%），无水亚硫酸钠（10%）与硫氰酸钾（10%）混合溶液，磷酸溶液（15%），氢氧化钠溶液（20%），乙酸锌溶液（20%），亚铁氰化钾溶液（10%），咖啡因标准样品（纯度 98%以上），咖啡因标准储备液（0.5 mg·mL^{-1}）。

【实验步骤】

1. 六堡茶中咖啡因的提取和纯化

（1）提　取

取 10 g 茶叶用滤纸包好，放入索氏提取器中，在筒中加入 30 mL 乙醇，在圆底烧瓶中加入 50 mL 乙醇，装好冷凝管（见图 12.1）。水浴加热，回流提取，直到提取液颜色较浅时为止，回流提取约用 2 h，待冷凝液刚刚虹吸下去时停止加热。然后改为蒸馏装置进行蒸馏，待蒸出 80%～90%乙醇时（剩余约 10 mL），停止蒸馏，把残余液趁热倒入盛有 3～4 g 生石灰的蒸发皿中（可用少量蒸出的乙醇洗蒸馏瓶，洗涤液一并倒入蒸发皿中）。

图 12.1　提取装置

（2）升　华

将蒸发皿中物质搅拌成糊状，然后放在水蒸气浴上蒸干成粉状（不断搅拌，压碎块状物，注意不要着火！），擦去蒸发皿前沿上的粉末（以防止升华时污染产品），蒸发皿上放一张刺有许多小孔的滤纸（扎刺向上），再在滤纸上罩一玻璃漏斗（图 12.2），用小火加热升华，控制温度在 220 ℃ 左右。如果温度太高，会使产物冒烟碳化。在滤纸上出现白色针状结晶时，小心取出滤纸，将附在上面的咖啡因刮下，如果残渣仍为可再次升华，直到变成棕色为止。合并几次升华的咖啡因，测其熔点，留作红外光谱分析。

图 12.2　升华装置

2. 咖啡因结构测定和含量分析

（1）红外光谱测定咖啡因结构

① 开启仪器，启动计算机并进入 OMNIC 窗口，扫描背景。

② 压片制样。取 1 mg 左右（约为溴化钾总量的 1%，）干燥试样放入玛瑙研钵中，加入 100 mg 左右的溴化钾粉末，在红外灯下研磨成粒度为 2 μm 左右的细粉，烘干。将压模砧的圆孔对准压舌，将细粉放入压片模孔内，把

65

模子放在压片机上，慢慢加压到 20 MPa，再慢慢松开，可获得一片直径为 2 mm 的透明溴化钾盐片，把片子装载样品架上，即可进行红外光谱测定。

③ 绘制试样咖啡因的红外光谱图。整个过程包括：设定收集参数；收集背景；收集样品图；对所得试样谱图进行基线校正、标峰等处理；标准谱库检索；打印谱图。对照咖啡因的结构，找出红外谱图中的吸收峰的归属。着重点 4 000～1 500 cm^{-1} 区域的每一个峰进行分析，小于 1 500 cm^{-1} 的吸收峰进行相关峰归属。

④ 收集样品图完成后，即可从样品室中取出样品架。并用浸有无水乙醇的脱脂棉将用过的研钵、镊子、刮刀、压模等清洗干净，置于红外干燥灯下烘干，以备制下一个试样。

（2）紫外光谱法测定咖啡因的含量

① 茶叶固体中咖啡因含量的待测溶液的配制。

在 100 mL 烧杯中称取经粉碎（低于 30 目）的均匀茶叶样品 1.0 g，加入 80 mL 沸水，加盖，摇匀，浸泡 2 h，过滤，滤液全部移入 100 mL 的容量瓶，加入 2 mL 20%乙酸锌溶液（除去蛋白质、此时有沉淀生成），再加 2 mL10%亚铁氰化钾（进一步沉淀），摇匀，加水定容至 100 mL，静置沉淀，过滤。取滤液 10 mL 置于 250 mL 的分液漏斗中，依次加入 1.5%高锰酸钾溶液 5 mL、10%无水亚硫酸钠与 10%硫氰酸钾混合溶液 10 mL（还原过量的高锰酸钾，此时颜色变浅）、15%磷酸溶液 1 mL。用 50 mL 三氯甲烷萃取两次（三氯甲烷在下层，澄清），将萃取液放入 100 mL 容量瓶定容，即制成待测液，备用。

② 茶叶浸出液中咖啡因含量的待测液的配制。

在 100 mL 容量瓶中准确移入 15.0 mL 茶叶提取浸出液，加入 20%乙酸锌溶液 2 mL、10%亚铁氰化钾溶液 2 mL，摇匀，用水定容 100 mL，摇匀，静置沉淀，过滤。取滤液 10.0 mL 按上述操作进行，制成 100 mL 三氯甲烷溶液，备用。（注：①，②由实验指导教师完成）

③ 咖啡因的紫外光谱分析。

在样品槽中放入三氯甲烷空白试样，进入光谱扫描窗口，先进行基线校正扫描，然后放入咖啡因样品，进行扫描，可以得到吸收曲线，计算机给出最大吸收峰波长和吸光度数值。

④ 咖啡因含量分析。

a. 标准曲线的绘制。

从 0.5 mg/mL 的咖啡因标准储备液中，用重蒸的三氯甲烷配制成浓度分别为 0、5、10、20 μg·mL^{-1} 的标准系列，以重蒸三氯甲烷（0 μg·mL^{-1}）作参比，调节零点，用 1 cm 比色皿于 276.5 nm 下测量其吸光度，作吸光度-咖啡因浓度的标准曲线或求出直线回归方程。

b. 样品的测定。

在 25 mL 具塞试管中，加入 5 g 无水硫酸钠，倒入 20 mL 三氯甲烷制备液，摇匀，静置。将澄清的三氯甲烷用 1 cm 比色皿于 276.5 nm 下测量其吸光度，根据标准曲线（或直线回归方程）给出样品的吸光度相当于咖啡因的浓度 c（μg·mL^{-1}），同时用重蒸三氯甲烷作试剂空白。

c. 样品中咖啡因含量的计算。

$$茶叶中咖啡因含量(mg/mL) = \frac{1\,000}{mV_1}$$

$$茶叶浸出液中咖啡因含量(mg/mL) = \frac{1\,000}{VV_1}$$

式中　c——样品吸光度相当于咖啡因的浓度（μmg·mL^{-1}）；

　　　m——称取样品的质量（g）；

　　　V——量取茶叶液体样品的体积（mL）；

　　　V_1——移取样品处理后水溶液的体积（mL）。

1. 在提取咖啡因的过程中用到生石灰，起什么作用？
2. 本实验中，在提取、烘烤和升华操作中，如何减少产品的损失？
3. 化合物的红外光谱是怎样产生的？它能提供哪些重要的结构信息？
4. 单靠红外光谱解析能否得到未知物的准确结构？为什么？
5. 是否所有的化合物都能用紫外吸收光谱作定性和定量分析？

▶▶ 参考文献 ◀◀

[1]　王镇恒，王广智主编．陈爱新编．广西卷，广西名茶概述．中国名茶志[M]．北京：中国农业出版社，2000，650-658．

[2] 蔡宇春.六堡茶与普洱茶的比较[J].科学之友,2010,01(03):105-106.

[3] 农艳芳.六堡茶的加工与品鉴[J].农产品加工,2010,8:63-67.

[4] Kakuda T, Nozawa A.Inhibiting elects of theanine on cafeine stimulation evaluated by EEG in the rat[J]. Biosei. Bioteeh. Biochem. 2000, 64（2）：287-293．

[5] 阮宇成.茶叶咖啡碱与人体健康[J]．茶叶通讯，1997（1）：3-4．

实验十三　六堡茶中茶褐素的提取工艺研究

【背景知识】

茶色素是茶叶中以儿茶素为主的多酚类化合物氧化衍生而来的一类水溶性色素混合物，主要由茶黄素类、茶红素类、茶褐素类组成。茶色素中高分子聚合物（或非透析性）主要是儿茶素聚合物与蛋白质、多肽、核酸或多糖等结合而成的结构复杂的一类混合物，被定义为茶叶中的褐色物质即茶褐素，其分子量范围很广。茶褐素（Theabrownine，TB）是茶色素的主要成分，是茶叶中一类能溶于水，但不溶于乙酸乙酯、正丁醇、乙醇、氯仿、二氯甲烷等有机溶剂的多酚类物质。龚加顺等研究表明：茶褐素的形成是微生物分泌的酶的酶促反应及其反应产物与成分间的偶联氧化、聚合；此外一些其它成分如葡萄糖、没食子酸和甘氨酸等也可作为茶褐素形成的促进剂或诱导物。茶褐素连同茶黄素具有降血脂、降血糖、抗癌、抗辐射、抗突变等功能。茶褐素是普洱茶汤中最主要的成分，是形成普洱茶独特口味和色泽的重要物质，也是普洱茶抗突变、抗氧化、抗菌消炎、消食减肥等多种生理活性的物质基础。因此对茶褐素的提取工艺的研究有重要意义。

六堡茶是广西特有的名茶，与普洱茶同属黑茶类。陈小强等对六堡茶进行理化分析后发现，六堡茶色度及其茶汤的光谱学特征与普洱茶接近。六堡茶中茶多酚及儿茶素组分、游离氨基酸含量较低，没食子酸的含量高于文献报道的西湖龙井、碧螺春、祈门红茶、立顿红茶等绿茶和红茶的没食子酸的含量，茶氨酸和茶黄素未检出，这与已报道的普洱茶的化学功能成分含量特点相似。六堡茶与普洱茶工艺类似，都经过了沤堆、陈化工艺，它们的化学功能成分含量特点相似。

六堡茶和普洱茶的化学成分出现如此特征与它们特有的沤堆工艺有关。沤堆的湿热作用能促使微生物发酵及氧化作用的进行，在此过程中茶叶苦涩味、清臭味、叶绿色会被爽口、香醇、黄褐色泽所代替，其还能促使儿茶素类物质被氧化成不太稳定的初级氧化产物邻醌，邻醌能还原成儿茶素类，也能继续被氧化成次级氧化产物茶黄素等；随着沤堆作用的进行，茶黄素不断减少，进一步被氧化并与多糖、蛋白质、核酸等产生非酶促反应，生成异质的酸性酚性的茶红素，茶红素是一类以二聚物为主体的茶色素；茶红素并非最重要化产物，可进一步被氧化并与多糖、蛋白质、核酸聚合而形成非透析性高聚物即为茶褐素。何国藩等研究表明，在普洱茶沤堆过程中，茶多酚中的儿茶素在湿热、微生物作用下，发生酶促氧化和非酶促氧化，形成了以茶黄素、茶红素和茶褐素为主体的水溶性色素——茶色素，导致普洱茶中茶多酚及酯型儿茶素组分剧烈减少，茶色素含量大增。罗龙新等研究发现，在沤堆过程中，其总的趋势是茶黄素和茶红素显著下降，茶褐素大量积累，可见茶褐素是黑茶的一个特有的品质成分。

因此，茶褐素是六堡茶茶汤中最主要的成分，是形成六堡茶独特口味和色泽的重要物质，同时它还是六堡茶抗突变、抗氧化、抗菌消炎、消食减肥、降血脂等多种生理活性的物质基础，其含量的高低与六堡茶的品质和药理活性呈正相关性。

【实验目的】

（1）了解茶褐素的理化性质及其在医用方面的生理活性。
（2）通过对以往知识的运用，学习茶褐素的提取方法。
（3）学会正交试验的设计方法以及单因素实验的运用。

【仪器和试剂】

仪器：超声波清洗机（SB-100D 宁波新芝），真空水泵，旋转蒸发仪，数显恒温水浴锅，电子天平（JA3103N），电热恒温干燥箱（恒字）及一些玻璃仪器。

试剂：氯仿，乙酸乙酯，正丁醇。

实验材料：六堡茶（广西梧州茶厂提供）。

【实验步骤】

1. 茶褐素的提取方法

称取 10.000 g 茶叶粉末和一定量蒸馏水于三口烧瓶中，常温下超声装置处理 30 min，然后沸水浸提 30 min，浸提 2 次，所得溶液趁热抽滤，合并滤液，减压浓缩至 100.0 mL 并将浓缩液依次用 100.0 mL 氯仿萃取 2 次、100.0 mL 乙酸乙酯萃取 3 次、20 倍体积正丁醇萃取 4 次，上步正丁醇层减压蒸馏得茶红素粗品，水相减压蒸馏得茶褐素粗品。

2. 单因素实验

以茶褐素产率为指标，对提取温度/°C（A）、提取时间/min（B）、料液比（C）、提取次数（D）进行单因素试验（表 13.1）。

表 13.1 单因素试验水平表

因素	水平						
	1	2	3	4	5	6	7
提取温度/°C	40	50	60	70	80	90	100
提取时间/min	20	30	40	50	60	70	80
料液比	1∶5	1∶10	1∶15	1∶20	1∶25	1∶30	1∶35
提取次数	1	2	3	4	5		

以上各组实验均以提取温度 100 °C、提取时间 60 min、料液比 1∶20、提取次数 2 次为最基本条件，然后改变相应的因素水平。

3. 正交试验

由以上单因素试验结果分析，确定一个四因素三水平的正交试验，按 L9(3⁴) 正交表，对提取条件进行研究，以确定最佳工艺条件。

各正交设计因素的水平见表 13.2。

表 13.2 正交试验因素水平表

水平	因素			
	A 提取温度/°C	B 提取时间/min	C 料液比	D 提取次数
1				
2				
3				

思考题

1. 在本实验中，茶褐素的含量如何确定？是否科学？
2. 单因素试验中各因素水平应如何确定？
3. 正交试验的因素水平表设计应遵循什么原则？

参考文献

[1] 龚加顺，陈文品，周红杰，等．云南普洱茶特征成分的功能与毒理学评价[J]．茶叶科学，2007，27（3）：201-210．

[2] 何国藩，林月蝉．普洱茶色素类物质及其在渥堆过程中的变化[J]．中国茶叶，1987，（4）：6~7．

[3] 罗永明，李诒光．茶色素的化学成分研究[J]．中草药，2002，33（12）：1066-1067．

[4] 黄皓，毛志方，李强，等．茶黄素制备纯化的研究进展[J]．中国茶叶加工，2007，（4）：22-25．

[5] 易恋，杨新河，杨泱，等．普洱茶中多酚与茶褐素的提取工艺研究[J]．食品工业科技，2010，31（7）：220．

[6] 周向军，高义霞，袁义君，等．乌龙茶茶褐素提取工艺的优化及抗氧化研究[J]．中国实验方剂学杂志，2011，（4）：36-40．

[7] 周红杰，李家华，赵龙飞，等．渥堆过程中主要微生物对云南普洱茶品质形成的研究[J]．茶叶科学，2004，24（3）：212-218．

[8] 李春美．茶色素体外清除氧自由基及对老龄小鼠脂质过氧化作用的影响[J]．中国药理学通报，2001，17（2）：233-234．

[9] 张冬英，施兆鹏，刘仲华，等．茶叶降血糖作用的研究进展[J]．中国茶叶，2005（2）；8-10．

[10] 李颖，刘小玲．六堡茶的水溶性成分分析与研究进展[J]．广西质量监督导报，2010，（10）；45-47．

[11] 罗龙新，吴小崇，邓余良，等．云南普洱茶渥堆过程中生化成分的变化及其与品质形成的关系[J]．茶叶科学，1998，18(1): 53-60．

实验十四　野生石崖茶中总黄酮的提取及含量测定

【背景知识】

　　黄酮类化合物是一类重要的天然有机化合物，是植物在长期自然选择过程中产生的一类次生代谢产物。它广泛存在于高等植物及羊齿植物的根、茎、叶、花、果实等中，不仅数量种类繁多，而且结构类型复杂多样。黄酮类化合物因其独特的化学结构而对哺乳动物和其它类型的细胞具有许多重要的生理、生化作用。一方面，黄酮类化合物具有高度的化学反应性，例如，它能清除生物体内的自由基，具有抗氧化作用；另一方面，黄酮类化合物又具有很多重要的药理作用，对许多人类疾病具有治疗价值。它们拥有抑制酶的活性、抗癌、抗菌、抗病毒、抗炎症、抗过敏、抗糖尿病并发症等功能，且无毒无害，对人类的肿瘤、衰老、心血管病等退变性疾病的治疗和预防有重要意义，它作为弱雌激素，在治疗妇女更年期综合征方面有很好的应用前景。此外，黄酮类化合物还是茶及众多中草药如黄芩、银杏、沙棘等的活性成分。因此，引起了国内外化学家、药物学家的广泛重视，研究进展很快。

　　野生石崖茶是大瑶山的山中珍品，生长于广西的各县市内，南部山区日照短、温差大、阴凉潮湿的石山峭壁或山涧边，又因该茶长于悬崖绝壁，可谓吸天地之灵气、采日月之精华；得天独厚的生态环境，孕育出风格独特的纯天然饮品。旧时则须驯猴采摘，民间又称为"仙茶"、"猴摘茶"。古时作为天朝贡品，官方俗称为"仙茶"。野生石崖茶含有 28%左右的类黄酮物质，是目前发现在植物中黄酮类含量最高的植物，属于国内珍稀的原生态纯天然绿色植物的茶中珍品。其黄酮类化合物表现出多种药理活性，能够防治心脑血管系统的疾病和呼吸系统的疾病，具有抗炎抑菌、降血糖、抗氧化、抗辐射、抗癌、抗肿瘤以及增强免疫能力等药理作用。

【实验目的】

（1）学习了解黄酮类物质提取的原理和方法。

（2）掌握对黄酮类物质提取等基本操作。

【实验原理】

本实验利用植物体内不同类黄酮化合物的极性不同，使用不同极性的溶剂进行提取而达到分离提取的目的，应用有机溶剂法从野生石崖茶中提取黄酮类化合物（黄酮类提取液）。溶剂一般是使用水、甲醇、无水乙醇等极性溶剂加热进行提取。

【仪器和试剂】

仪器：BS200S 电子天平，日立 CT5DL 型离心机，数显式电热恒温水浴锅（上海跃进医疗器械厂）AT-1 型电热干燥箱。

试剂：芦丁标准品，无水乙醇，活性炭（均为国产分析纯），$NaNO_2$，$Al(NO_3)_3$，$NaOH$，圆底烧瓶，布氏漏斗以及一些常规的玻璃仪器。

材料：野生石崖茶（购于北湖市场）。

【实验步骤】

（1）取野生石崖茶若干，以机械粉碎后过 40 目筛得石崖茶粉末，烘干。

（2）取上述野生石崖茶原料若干克，加入圆底烧瓶中，加入一定比例的乙醇，连接球形冷凝管，以水浴加热，并提取若干小时。

（3）将提取液静置后减压过滤，放冷后，放置离心机 3 000 r/min 离心 10 min，取其上清液，加入活性炭脱色 30 min，然后过滤，得总黄酮提取液。[参考：浸提时间 4 h，温度 70 ℃，料液比（W/V）为 1∶14，乙醇浓度 70%]

（4）精密称取芦丁标准品 10 mg，用 80%乙醇溶解，定容至 50 mL 容量瓶中，摇匀，制成浓度为 0.2（mg/ml^{-1}）的标准溶液。然后精密吸取 0、0.2、0.5、1.0、2.0、3.0 mL，分别置于 10 mL 比色管中，加 5%$NaNO_2$ 溶液 0.4 mL。摇匀放置 6 min；续加 10%$Al(NO_3)_3$ 溶液 0.4 mL，摇匀放置 6 min；再加 1.0(mol/L^{-1}) $NaOH$ 溶液 4.0 mL，用水定容，充分摇匀；10 min 后，在 510 nm 处测定吸光度，以浓度 X(mg/mL^{-1})和吸光度 Y 进行回归分析，得回归方程。

取石崖茶类黄酮提取液 1.0 mL 于 10 mL 比色管中，同以上操作，测定其 510 nm 下的吸光度，代入回归方程，计算出类黄酮物质质量。

类黄酮得率（%）=（类黄酮物质质量/干物料质量）×100%

思考题

1. 除溶剂提取法外，列举提取总黄酮化合物的其它方法？
2. 本实验为什么要进行脱色处理？

参考文献

[1] Morimoto, M.; Tanimoto, K.; Nakano, S.; Ozaki, T.; Nakano, A.; Komai, K. J. Agric. Food Chem. 2003, 51, 389.

[2] Bandele, O. J.; Osheroff, N. Biochemistry 2007, 46, 6097.

[3] Saija, A.; Scalese, M.; Lanza, M.; Marzullo, D.; Bonina, F.; Castelli, F. Free Radical Biol. Med. 1995, 19, 481.

[4] 樊兰兰, 何丽丽, 韦玮, 等. UPLC快速测定石崖茶中5个黄酮类化合物含量及其体外抗氧化活性评价[J]. 药物分析杂志, 2012, 32（7）: 1143~1149.

[5] 李沼. 石崖茶类黄酮的提取及其生理活性的研究. 硕士论文, 2006.

[6] 张鑫瑶, 许利嘉, 王慧彦肖伟, 等. 石崖茶的研究进展[J]. 中国现代中药, 2012, 14（11）: 66~70.

[7] 葛智文, 廖寅平, 兰毅. 开发野生石崖茶创建特色茶品牌[J]. 茶叶通讯, 2011, 38（3）: 29~31.

[8] 成凤桂, 欧知义. 鄂西藤茶中总黄酮的提取及含量测定[J]. 中南民族大学学报, 2005, 24（2）: 19~20.

实验十五　凌云白毫中茶多酚的提取及含量测定

【背景知识】

茶多酚（Tea Polyphenols）是茶叶中多酚类物质的总称，包括黄烷醇类、花色苷类、黄酮类、黄酮醇类和酚酸类等。其中以黄烷醇类物质（儿茶素）最为重要。是形成茶叶色香味的主要成分之一，也是茶叶中有保健功能的主要成分之一。研究表明，茶多酚等活性物质具有解毒和抗辐射的作用，能有效地阻止放射性物质侵入骨髓，并可使锶 90 和钴 60 迅速排出体外，被健康及医学界誉为"辐射克星"。

白毫茶树品种独特，是乔木大叶种类型，芽叶密披茸毛，以白毫满身而得名。凌云白毫茶出品于广西百色地区凌云岑王老山、青龙山脉一带，那里峰峦叠嶂，谷深林茂，溪流纵横、气候温润，汇集天地山川之灵气。白毫茶色嫩绿气馥香，为茶中之上品君子之至宠。该茶采摘标准严格，特级茶的鲜叶以一芽一叶为主。制法经杀青、揉捻、烘干三道工序制成。成品茶外形条索肥壮、白毫遍体。凌云白毫茶的特点是色泽淡绿，茶身柔嫩，汤色清绿明亮。饮时滋味浓厚，香甜可口，清香持久。据中国农业科学院茶叶研究所对凌云白毫烘青绿茶的生化成分测定，该茶含咖啡碱 4.91%，氨基酸 3.36%，茶多酚 35.6%，儿茶素总量 182.92 mg/g，有助消化、解腻利尿、提神醒目等功能。

【实验目的】

（1）学习茶多酚的提取的原理和方法。
（2）掌握茶多酚提取等基本操作。
（3）掌握测量茶多酚类化合物相对含量的技术。

【实验原理】

本实验利用溶剂对样品中被提取成分与杂质之间溶解度的不同而达到分离提取的目的，应用溶剂法从茶叶中提取茶多酚类化合物，利用茶多酚类物质能与亚铁离子形成紫蓝色络合物，该溶液对 540 nm 可见光有最大吸收，通过 UV-分光光度法在 540 nm 处测定总茶多酚的光吸收度，用一系列不同浓度的标准溶液在该波长处分别测得它们的吸光度，用吸光度对浓度作图得到标准曲线。在同样条件下测定样品溶液的吸光度，在标准曲线上读出样品溶液的浓度，并对该物质进行定量分析。

【仪器和试剂】

仪器：VIS-7220 可见分光光度计，BS200S 电子天平，DZF-6020 型真空干燥箱，离心机，磷酸盐缓冲液，酒石酸钾铁，无水乙醇（AR），茶多酚标准品，吸量管（2 mL、1 mL），容量瓶（100 mL、50 mL、25 mL、10 mL）以及一些常规的玻璃仪器。

材料：用机械粉碎成 20~40 目的茶叶粉末。

【实验步骤】

（1）原液制备

取上述茶叶原料 1 g，加入圆底烧瓶中，加入一定比例的 35%乙醇，连接球形冷凝管，以水浴加热（65 ℃），并提取 65 min，回流提取 3 次，合并滤液。

（2）标准溶液的制备

称取 10 mg 茶多酚标准样品用蒸馏水定容至 100 mL（100 μg/mL）；0.1 mol/mL 磷酸盐缓冲溶液，pH = 6.8；1.5%酒石酸钾铁，或者 0.1 g 七水合硫酸亚铁和 0.5 g 酒石酸钾钠溶于 10 mL 蒸馏水。

（3）标准工作曲线的建立

取配置好的茶多酚标准溶液，分别稀释成 0、10、20、30、40、50、60、70、80、90、100 μg/mL，分别取出 1 mL，加入磷酸盐缓冲溶液 3 mL，摇匀，再加入酒石酸铁 1 mL，在分光光度计 540 nm 处测定吸光度，以吸光度为纵坐标，浓度为横坐标，绘制标准曲线。

（4）试样的测定

量取样品溶液 1 mL，按上述方法在 540 nm 处测定吸光度，从标准曲线查出提取液中茶多酚含量的浓度（μg/mL），根据公式计算茶叶中茶多酚的含量。

$$茶多酚含量（\mu g/g）= V \cdot C$$

式中　V——1 g 茶叶提取得到的提取液体积（mL）；

　　　C——提取液中茶多酚的含量值（μg/mL）。

思考题

1. 除溶剂提取法外，提取茶多酚能否采用其它的方法？
2. 除试验中所说的分光光度法外，还有哪些测量茶多酚的方法？
3. 茶多酚有哪些活性？

参考文献

[1] 中国农科院茶叶研究所. 茶树生理及茶叶生化试验手册[M]. 北京：中国农业出版社，1983.

[2] 王昕，廖克俭. 铁观音绿茶茶多酚提取工艺研究[J]. 当代化工，2012，9: 015.

[3] 张妙芬. 茶叶中茶多酚含量测定方法的研究[J]. 化学工程与装备，2012，5: 049.

[4] 廖晓玲，王会玲，徐凯明，等. 茶多酚含量测定方法的研究[J]. 中国油脂，2002，27（1）：68-69.

[5] 董文宾，胡英. 茶多酚的制备工艺及应用研究现状[J]. 陕西科技大学学报，2002，20（4）：18-24.

中草药篇

广西中草药资源简介

　　广西地处北纬 20°54′~26°20′，东经 104°29′~112°05′之间，南北宽约 610 公里，东西长约 750 km，总面积 236 661 km²，山地资源丰富，素有"八山一水一分田"之说，处于热带向亚热带过渡的地理位置，气温较高，热量充足，雨量充足，孕育了丰富的中草药资源。据广西中药资源普查办公室《广西中药资源名录》公布，广西的药用植物资源有 4 623 种，种数仅次于云南，其藻类 12 科 12 属 15 种，真菌类 28 科 49 属 85 种，地衣类 5 科 7 属 10 种，苔藓类 12 科 13 属 15 种，蕨类 46 科 89 属 225 种，裸子植物 9 科 17 属 34 种，双子叶植物 179 科 1 101 属 3 095 种，单子叶植物 33 科 225 属 585 种，其中属于广西所特有的药用植物有 112 种。广西是我国药材主要产地之一，素有"川广云贵，地道药材"之称，为驰名中外的"西土药材"产地。

　　传统的道地药材有桂林茶垌罗汉果、东兴肉桂（图 10）、防城垌中八角、靖西田七、平南思旺天花粉、灰斑蛤蚧、桂郁金、广豆根、水半夏、龙胜滑石粉等。同时广西也是重要的大宗药材主产区之一，如红大戟、莪术、鸡血藤、地枫皮、桂圆、安息香、益智仁、天冬、麦冬、茯苓、石斛、木蝴蝶、桑寄生、青天葵、陵香草、松香、何首乌、巴戟天、金银花、高良姜、黄精、草果、砂仁、山药、钩藤、千年健、珍珠、穿山甲、朱砂、炉甘石等。

　　广西开发的新药原料及疗效好并形成大宗药材的民间药有：绞股蓝、儿茶、无患子、黄花夹竹桃、七叶莲、苦玄参、马蓝、紫金牛、地不容、金果榄、黄毛豆腐柴、安息香、剑叶龙血树、朱砂莲、通城虎、黄花倒水莲、萝芙木、三叶青藤、红鱼眼、山风、甜茶等。

　　据统计，广西各药材部门收购经营的地产药材种类繁多，包括植物基原 470 种，动物基原 70 种，矿物基原 28 种，物种合剂 568 种，均进入药材流通渠道，正常年收购量在1 500万～2 000万kg。

图10　广西东兴肉桂

广西有壮、瑶、苗、侗、仫佬、毛南、回、京、彝、水、仡佬等十余个少数民族，是少数民族的集中居住区，民族药资源十分丰富，现已查明，广西少数民族应用的药用植物资源约3 000多种，其中以壮药最为出名，应用的药用植物资源已超过2 000种，1992年～1993年广西民族医药研究所陈秀香等主编的《广西壮药简编》记载药物1 986种，隶属于234科808属；1994年广西民族医药研究所陈秀香等主编的《广西壮药新资源》又收载药物397种，其中蕨类植物7科8属10种，双子叶植物94科329属341种，单子叶植物14科34属46种。此外，瑶族药有1 300多种，侗族药有324种，仫佬族药262种，苗族药有248种，毛南族药有115种，京族药有30种，彝族药有22种。另据广西药品检验所黄燮才主编的《广西民族药简编》记载广西少数民族常用中草药资源有1 021种，其中壮族应用的中草药资源约有709种，如千斤拔、南蛇勒、剑叶龙血树、苦草、滇桂艾纳香等；瑶族药有555种，如羊耳菊、蜘蛛香等；侗族药298种，如血水草、大丁草等；仫佬族药259种，如救必应、茅膏菜、飞龙掌血、铁包金、娃儿藤等；苗族药213种，如通关藤、吉祥草、酢浆草（图11）等；毛南族药111种如金果榄、对坐神仙草等；京族药 27 种，如臭牡丹、鸡矢藤等；彝族药 21 种，如青蒿、假地蓝等。其中尤以广西的壮医药理论体系最为完整，最有特色和最为出名。特别是近年来新出版的《中国壮医学》、《壮族医学史》、《中国瑶药学》、《中国瑶医学》等大型医学著作的问世对于壮医学及瑶医学的发展将产生重大影响。

图 11　苗药酢浆草

据统计，广西已开发利用的中草药物种 1 078 种，其中广西各级药材部门收购经营的地产植物药材 373 种，植物基源 470 种，包括根与根茎类药材 95 种，藤茎木类药材 28 种，皮类药材 20 种，叶类药材 15 种，花类药材 25 种，果实与种子类药材 120 种，全草类药材 50 种，树脂类药材 4 种，加工类药材 6 种，其它类药材 10 种；不进入各级药材公司流通渠道的民间草药 582 种，包括植物基源 510 种。

近年来，广西壮族自治区党委、政府把中草药列为全区优势产业重点发展。目前，全国 400 多种常用中药原料药材中有 70 多种主要来源于广西，其中 10 多种占全国总产量的 50%～80%及以上，罗汉果（图 12）、鸡血藤、广豆根高达 90%以上。此外，广西的海洋药物资源也非常丰富，如合浦珍珠、海马、海蛇等。除丰富的野生资源外，广西人工种植药材也颇具规模，中草药种植面积达 82 万多亩，种植药材面积约占全国栽培面积的 20%，是全国四大药材产区之一。

图12 广西桂林罗汉果

实验十六　广西南板蓝根多糖成分的提取和脱脂工艺

【背景知识】

南板蓝根为爵床科植物马蓝 B aphicacanthus cusia（Nees）B remek 的干燥根茎及根、主要分布在我国华南、西南地区。临床主要用于防治流感、流脑以及治疗肝炎等，在抗病毒方面优于北板蓝根。其叶在我国华南、西南等许多南方地区作大青叶使用[1]。南板蓝根的根、茎、叶均含有多种化学成分。其中多糖具有多种生物活性，且有可能为抗病毒的有效成分之一[2-4]。

多糖是除了蛋白质和核酸以外的一类重要的生物大分子，大量的药理实验表明，多糖类化合物具有免疫增强与调节、抗肿瘤、抗病毒、抗凝血、抗放射、抗衰老等作用，在自然界高等植物、海藻、细菌类及动物体内均有存在，分布极广。自20世纪60年代以来，人们逐渐发现多糖具有复杂的、多方面的生物活性和功能；多糖可作为广谱免疫促进剂，具免疫调节功能，如多糖能治疗风湿病、慢性病毒性肝炎、癌症等免疫系统疾病，甚至能抗 AIDS 病毒；还具有抗感染、抗放射、抗凝血、降血糖、降血脂、促进核酸与蛋白质的生物合成作用；能控制细胞分裂和分化，调节细胞的生长与衰老[5]。

【实验目的】

（1）掌握多糖物质的提取方法及其应用。
（2）了解脱脂在多糖提取过程中的重要性和方法。
（3）掌握蒽酮法测吸光度来确定样品中的多糖含量。

【实验原理】

从不同的材料中提取多糖，一般都先用有机溶剂如丙酮、乙醚、乙醇、甲醇或 1∶1 的乙醇乙醚混合液脱脂。多糖可用水、0.1~1 mol/L 氢氧化钠或氢氧化钾碱性水溶液、氯化钠溶液、1%醋酸、1%苯酚等作为提取溶剂，但同一原料用不同试剂提取得到的多糖成分常常是不同的。提取中要防止降解，用稀酸提取时时间宜短，温度最好不高于 5 ℃，用稀碱提取时，为防止降解，常通以氮气或加入硼氢化钠（钾），稀酸稀碱提取后溶液应迅速中和[5]。

多糖提取液大多较黏稠，可进行吸滤或用离心法将不溶性杂质除去，提取液经浓缩后，加入 2~5 倍乙醇或甲醇沉淀多糖，也可加入斐林试剂、硫酸铵或溴化十六烷基三甲胺等使多糖生成沉淀。然后依次用乙醇、丙酮、乙醚洗涤，将吸干后疏松的多糖迅速转入装有五氧化二磷/氢氧化钠的真空干燥器中减压干燥。若沉淀的多糖为胶状或具黏着性时可直接冷冻干燥。干燥后的粉末状粗多糖。除了以上的常规提取方法外，近年来酶法、超声波法在多糖提取中的应用也得到了广泛的关注[5]。

南板蓝根多糖的提取，可以采取有机溶剂脱脂后水煎煮法，不同的脱脂条件会对南板蓝根多糖的提取率产生影响。为了有效地提取板蓝根多糖，将采用均匀设计法优化处理过的实验数据进行南板蓝根多糖的脱脂工艺，这样就可以以较低的成本创造出最佳的脱脂工艺条件[6]。

【仪器和试剂】

仪器：722 型光栅分光光计度，Sartorius 电子天平，LD5210 离心机，D6022F 型电动搅拌机，DF2101S 集热式恒温加热磁力搅拌器。

试剂：南板蓝根叶，其余实验试剂均为分析纯。

【实验步骤】

1. 板蓝根多糖的提取和脱脂

（1）脱脂工艺

① 南板蓝根叶子用水洗净，60 ℃以下烘干，粉碎得板蓝根粉。

② 回流：采用乙醇和乙醚的混合液，比例为：10%乙醇∶90%乙醚、料液比为：1∶20(g/mL)、回流时间 5 h，南板蓝根多糖提取率预计可高达 3.81%，提取物中多糖的含量可达 50.6%。

③ 干燥脱脂后得板蓝根干粉。

（2）多糖的提取

将脱脂板蓝根干粉加水控温提取 3 次，提取条件是提取温度为 90 ℃、料液比为 1∶50(g/mL)，提取时间为 2 h，多糖的提取率预计可以达到 3.26%，提取物中多糖含量为 52.2%[5]。过滤，滤液浓缩、冷却加 4 倍量 95%乙醇，沉淀，干燥得多糖提取物。

2. 多糖的测定和含量计算

蒽酮法测吸光度确定多糖含量的方法介绍：强酸可使糖类脱水生成糠醛，生成的糠醛或羟甲基糠醛与蒽酮脱水缩合，形成糠醛的衍生物，呈蓝绿色，该物质在 625 nm 处有最大吸收。在 10~100 μg 范围内，其颜色的深浅与可溶性糖含量成正比。这一方法有很高的灵敏度，糖含量在 30 μg 左右就能进行测定，所以可作为微量测糖之用。

吸取糖提取液 1 mL，放入干洁的试管中，加蒽酮试剂 5 mL 混合之，于沸水浴中煮沸 10 min，取出冷却，然后于分光光度计上进行测定，波长为 625 nm，测得吸光度。从标准曲线上查得滤液中的糖含量（或经直线回归公式计算），然后再行计算样品中含糖百分数。

基本步骤是：粗多糖干品→称量→定容→硫酸→蒽酮法测吸光度→计算粗多糖中多糖含量及多糖提取率。

（1）绘制葡萄糖标准曲线

取标准葡萄糖溶液将其稀释成表 16.1 内系列不同浓度的溶液，按蒽酮法分别测得其吸光度。

表 16.1

管　号	1	2	3	4	5	6	7
葡萄糖标准液（mL）	0	0.1	0.2	0.3	0.4	0.6	0.8
蒸馏水（mL）	1	0.9	0.8	0.7	0.6	0.4	0.2
葡萄糖含量（μg）	0	10	20	30	40	60	80

在每支试管中立即加入蒽酮试剂 4.0 mL，迅速浸于冰水浴中冷却，各管加完后一起浸于沸水浴中，管口加盖玻璃球，以防蒸发。自水浴重新煮沸起，准确煮沸 10 min 取出，用流水冷却，室温放置 10 min，在 625 nm 波长下比色。以标准葡萄糖含量（μg）作横坐标，以吸光值作纵坐标，作出标准曲线。

（2）多糖的定容

加水溶解粗多糖干粉冷却后过滤，滤液收集在 50 mL 容量瓶中，定容至刻度。吸取提取液 2 mL，置于另一 50 mL 容量瓶中，以蒸馏水稀释定容，摇匀待测定。

（3）测　定

吸取 1 mL 已稀释的提取液于大试管中，加入 4.0 mL 蒽酮试剂，以下操作同标准曲线制作。比色波长 625 nm，记录吸光度，在标准曲线上查出葡萄糖的含量（μg）。

3. 计算含糖量

$$植物样品含糖量(\%) = \frac{查表所得糖含量(\mu g) \times 稀释倍数}{样品重(g) \times 10^6} \times 100$$

4. 注意事项

（1）该显色反应非常灵敏，溶液中切勿混入纸屑及尘埃。

（2）硫酸要用高纯度的。

（3）不同糖类与蒽酮的显色有差异，稳定性也不同。加热、比色时间应严格掌握。

思考题

1. 提取的南板蓝根中的糖类有哪些？
2. 制作标准曲线时应注意哪些问题？

参考文献

[1] 王元梁. 南、北板蓝根的异同[J]. 海峡药学，2003，15，(5): 861.

[2] 陆平成，许益民，王永珍，等. 板蓝根多糖对小鼠的免疫调节作用[J]. 中药药理与临床，1991，7(2): 221.

[3] 许益民，陆平成，王永珍，等. 板蓝根多糖促进免疫功能的实验研究[J]. 中西医结合杂志，1991，11(6): 357 IX.

[4] 冯群先，毕一俐，仇健明，等. 板蓝根多糖降脂作用的初步观察[J]. 中国医药学报，1993，8（增刊）:75.

[5] 刘锐. 多糖类物质的研究进展[J]. 安徽农业科学，2005，33(9): 1722-1725.

[6] 盛家荣，李欣，陈佳伟，等. 均匀设计优选南板蓝根多糖的提取工艺[J]. 中药材，2005，28(12): 1105-1107.

实验十七　桂皮、桂枝、桂叶挥发油化学成分的 GC-MS 分析

【背景知识】

肉桂（Cinnamomum Cassia Presl）又名玉桂、牡桂、筒桂、大桂、辣桂、桂，是樟科樟属，常绿乔木，芳香。广西是肉桂的原产地，也是我国最大产区。肉桂在广西的主产区为广西防城十万大山南麓和西江流域，国外习惯称"中国肉桂"[1]。肉桂的枝叶皮具有肉桂醛香气，辛烈而暖甜的香气，带焦、木、膏香。肉桂皮作为中药和调味品已有悠久的历史，主要取其温暖的芳香和强心、健胃的功能。肉桂是一种使用极为普遍的香料，烹饪时桂皮常用于卤菜、烧菜等菜肴中，对原料中的不良气味有一定的脱嗅、仰嗅、增香，也是一种典型的药食同源植物[2]。肉桂中主要含有挥发油，多糖，倍半萜及其糖苷，二萜及其糖苷，黄烷醇及其多聚体等多种类型的化合物[3]。其挥发油类成分具有明显的抗溃疡、抗心律失常、解热及抗微生物等活性，其中尤以桂皮醛的活性较强。

【实验目的】

（1）系统的对肉桂植物不同部位进行研究，更加广泛、全面地了解桂皮、桂枝、桂叶的挥发性成分。

（2）采用气相色谱-质谱法测定桂皮、桂枝、桂叶的挥发油化学组分，学会对其结果进行分析比较。

【实验原理】

利用肉桂中的挥发性成分与渗入植物细胞的水一起形成蒸汽，借助渗透作用透过膨胀的细胞壁，最后到达表面而被蒸发出来的原理，采用水蒸气蒸馏法提取桂皮、桂枝、桂叶挥发油，通过气相色谱-质谱分析手段对桂皮、桂枝、桂叶挥发油的主要成分进行分析比较，用峰面积归一化法确定各组分的相对含量。

【仪器和试剂】

仪器：GC-MS 气相-质谱仪，BS200S 电子天平，循环水式多用真空泵，HH-W600 电热恒温水浴箱，RE-52A 型旋转蒸发器。石油醚（分析纯，沸点：60~90 ℃）以及一些常规的玻璃仪器。

材料：桂皮、桂枝、桂叶在室内自然晾干，用时以机械粉碎。

GC-MS 测定条件：

（1）色谱条件

色谱柱：HP-5MS，5%苯甲基聚硅石英毛细管柱（30 m × 0.25 mm × 0.125 μm）色谱柱，载气为高纯氦气。进样口温度 230 ℃，程序升温：初始温度 60 ℃，先以 28 ℃/min 升至 130℃后，再以 15 ℃/min 升至 280 ℃，柱后 280 ℃ 保留 3min。各组分的相对含量采用峰面积归一化法进行定量。

（2）质谱条件

电子轰击（EI）离子源；电子能量 70eV；接口温度：280 ℃，离子源温度 250 ℃，四极杆温度 150 ℃，调谐方式：标准调谐，质量扫描范围：35~550 amu。获得的质谱数据通过 NIST 质谱图库进行检索。

【实验步骤】

1. 挥发油的提取

将桂皮、桂枝、桂叶粉碎，取一定量原料（50 g）以普通玻璃水蒸气蒸馏装置蒸馏 4 h 左右，至流出液无明显油珠为止，用石油醚对馏出液进行 3 次萃取，减压旋干回收溶剂，计算挥发油提取率（提取率 = $\frac{产物}{原料}$ × 100%），并将油样进行 GC-MS 分析。

2. GC-MS 分析测定

根据 GC-MS 测定条件，对桂皮、桂枝、桂叶挥发油进行 GC-MS 分析测定。

3. 结果与分析

（1）观察记录桂皮、桂枝、桂叶提取的挥发油外观颜色。

（2）计算挥发油的提取率。

（3）对桂皮、桂枝、桂叶油成分进行分析，由桂皮、桂枝、桂叶挥发油的总离子流图，通过 NIST 标准图库对桂皮、桂枝、桂叶油的气相-质谱数据进行检索，并结合文献从基峰、相对丰度等几个方面进行分析、鉴定；各组分的相对含量采用峰面积归一化法进行定量。

思考题

1. 对桂皮、桂枝、桂叶油采用不同的提取方法，会影响提取率和油中主要成分吗？

2. 对照已有的文献报道[5],[6]，采用水蒸气蒸馏法提取的桂枝、桂叶油成份会出现一些差异，为什么？

参考文献

[1] 刘永华. 我国肉桂进出口贸易现状分析[J]. 广西热带农业，2002，85（4）:43.

[2] 方琴. 肉桂的研究进展[J]. 中药新药与临床药理，2007，18（3）: 249-252.

[3] 陈家源，牙启康，卢文杰，谭晓，黄云峰，赖茂祥，中药肉桂的研究概况[J]. 广西医学，2009，31（6）:872-874.

[4] 丛浦珠，李笋玉. 天然有机质谱学[M]. 北京：中国医药科技出版社，2003：813-858.

[5] 陶光复，孙汉董，靖垍，湖北桂叶精油的化学成分[J]. 武汉植物学研究，2002，20（2）: 162～164.

[6] 丁平，黄海波，徐鸿华，广东产中药桂枝挥发油成分分析[J]. 华西药学杂志，2002，17（3）:175～179.

实验十八 姜黄素类化合物的提取及总含量测定

【背景知识】

姜黄是一种多年生有香味的草本植物,既有药用价值,又可以作食品调料。辛香轻淡,略带胡椒、麝香味及甜橙与姜之混合味道,略有辣味、苦味、辛辣感。姜黄用作调味品和黄色着色剂,是家庭使用的普通调味料,用于咖喱粉、调味料等。姜黄种植是广西金秀县特色农业中的一个亮点。姜黄具有适应性强、产量高的特点,金秀县山内、山外各乡镇均可种植,其中以六巷乡为主,占全县姜黄种植的"半壁江山"。目前,金秀县姜黄种植面积近3 000亩,总产量7 500 t,产值750万元,逐渐成为一项促进农民增收的新兴产业。由于所产姜黄品质好,金秀县姜黄供不应求,发展前景十分可观。

姜黄色素主要由姜黄素类化合物(Curcuminoids)组成,其中以姜黄素(Curcumin)、脱甲氧基姜黄素(Demethoxycurcumin)、双脱甲氧基姜黄素(Bisdemethoxycurcumin)最为常见(结构见图18.1,18.2,18.3)。姜黄素类化合物具有良好的抗氧化、抗肿瘤、抗艾滋病毒等多种生物活性,而且色泽稳定、毒性极低,因此已广泛应用于食品添加剂,色素和医药领域当中。

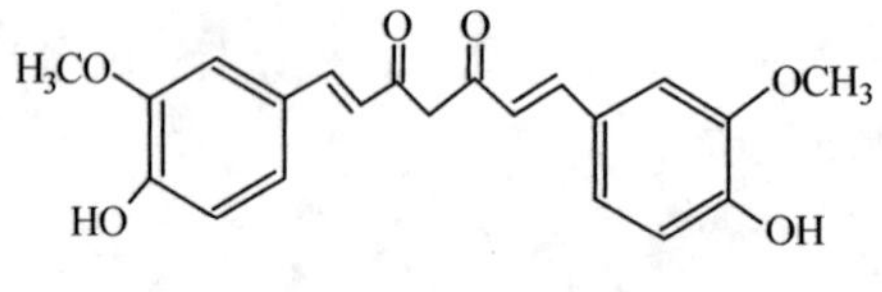

图 18.1 姜黄素

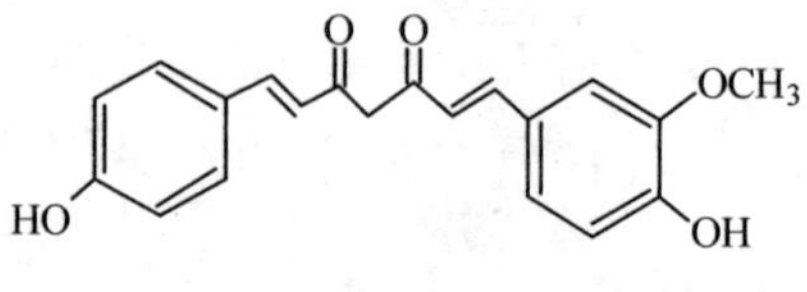

图 18.2 脱甲氧基姜黄素

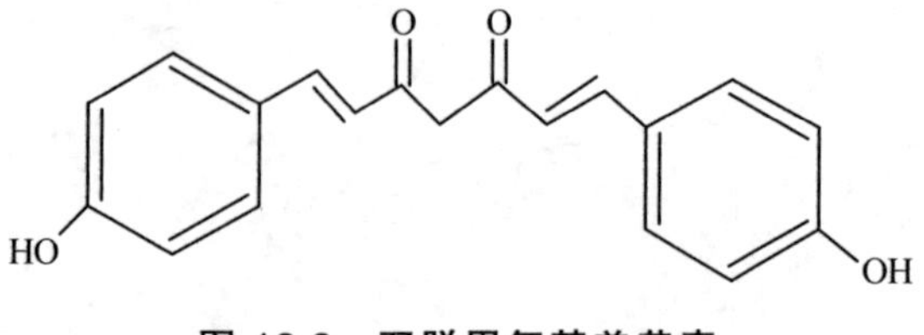

图 18.3 双脱甲氧基姜黄素

【实验目的】

(1) 学习姜黄素分离提取的原理和方法。
(2) 掌握对姜黄素分离提取等基本操作。
(3) 掌握 UV-分光光度法检验总姜黄素类化合物相对含量的技术。

【实验原理】

本实验利用溶剂对样品中被提取成分与杂质之间溶解度的不同而达到分离提取的目的,应用有机溶剂法从姜黄中提取姜黄素类化合物(姜黄浸膏),通过 UV-分光光度法在 425 nm 处测定总姜黄素的光吸收度,用一系列不同浓度的标准溶液在该波长处分别测得它们的吸光度,用吸光度对浓度作图得到标准曲线。在同样条件下测定样品溶液的吸光度,在标准曲线上读出样品溶液的浓度,并对该物质进行定量分析。

【仪器和试剂】

仪器和试剂:VIS-7220 可见分光光度计,BS200S 电子天平,DZF-6020 型真空干燥箱,95%乙醇(AR),姜黄素样品(AR,熔点 182.0~185.0 ℃),姜黄素标准品(熔点 184~185 ℃,天津凯莱英化学有限公司提供,薄层层析检验 R_f 值与姜黄素样品一致),吸量管(2 mL、1 mL),容量瓶(100 mL、50 mL、25 mL、10 mL)以及一些常规的玻璃仪器。

姜黄原料:姜黄(*Curcuma longa*)的根茎(在室内自然晾干)用时以机械粉碎成 20~40 目的姜黄粉末。

【实验步骤】

1. 制取姜黄浸膏

取上述姜黄原料若干克,加入圆底烧瓶中,加入一定比例的乙酸乙酯,连接球形冷凝管,以水浴加热,并提取若干小时,将提取液冷至室温、过滤,然后在浴温为 75 ℃ 下,以水泵减压回收溶剂即得姜黄浸膏。[参考:物料比 (*W/V*) 为 1:6,加热温度为 75 ℃,每次提取时间为 2 h]

2. 标准溶液的制备

精密称取在 40 ℃(-0.099 MPa)下干燥 12 h 的姜黄素(标准品)9 mg 置于 100 mL 容量瓶中,加 95%乙醇溶解并定容至 100 mL,摇匀。

3. 标准工作曲线的建立

量取计量好的标准溶液置于 25 mL 容量瓶中,以 95%乙醇为溶剂分别配成浓度为 1.44、3.60、5.76、7.20、9.00、14.40、18.00（μg/mL）的测试液，编号为 1、2、3、4、5、6、7，以 95%乙醇为参比液，用 1 cm 吸收池，在 425 nm 处测定吸光度，以吸光度为纵坐标，浓度为横坐标，以 Excel 软件绘制标准曲线。

4. 试样的测定

准确称取姜黄素试样 18 mg，以 95%乙醇溶解并定容至 50 mL，摇匀。以 95%乙醇为参比液，用 1 cm 吸收池，在 425 nm 处测定吸光度，以标准曲线法计算姜黄素总含量。

思考题

1. 除溶剂提取法外，提取姜黄素类化合物能否采用其它的方法？
2. 本实验为什么用 95%乙醇作参比溶液？

参考文献

[1] 梁广，杨树林，李校堃. 姜黄属植物的植物化学研究进展[J]. 化学通报，2006，69：1-9.

[2] 陈福北，黄初升，刘红星. 姜黄属植物中姜黄类化合物的研究进展[J]. 广西师范学院学报（自然科学版），2007，24（2）：95~101.

[3] 宋长生，武宝萍，王慧彦，等。用碱溶液法从姜黄中提取姜黄素的研究[J]. 精细石油化工进展，2006，7（4）：39~41.

[4] 刘红星，陈福北，黄初升. 紫外分光光度法在姜黄素类化合物提取中的应用[J]. 广西师范学院学报（自然科学版），2008，25（3）：68~71.

[5] 黄燕芬，洪行球. 分光光度法测定总姜黄素的含量及方法学研究[J]. 浙江中医学院学报，1999，23（6）：24~25.

实验十九　苗药酢浆草提取物的抗氧化活性研究

【背景知识】

酢浆草有酢浆草、红花酢浆草[1]、紫叶酢浆草[2]等多个变种。多为酢浆草科酢浆草属多年生宿根草本植物。酢浆草全分布于亚洲温带和亚热带、欧洲、地中海和北美,在中国,主要分布于华北、华中、华南、江西、四川和云南等地,是一种极好的地被和盆栽植物。酢浆草,尤其是蔓生酢浆草全草均可入药,其性寒、味酸、归肝、小肠经。具有清热解毒、平肝定惊、消炎止痛、利湿消肿、凉血散瘀之功效。临床上主要用于治疗肺炎、扁桃体炎、急性肝炎、腮腺炎等多种疾病。广西苗族常用于内服治疗跌打青肿、咽喉肿痛、祛痰平喘、痢疾、黄疸、尿路感染、结石、月经不调、淋浊、白带、小儿肝热、惊风等;外用治跌打损伤、毒蛇咬伤、痈肿疮疖、脚癣、湿疹等症。具有较好的抗炎、抗病毒和抑菌作用。本实验采用 DPPH 法检测酢浆草提取物对 DPPH 自由基的清除效果确定其抗氧化活性。

【实验目的】

（1）了解 DPPH 法的基本原理。
（2）学习对酢浆草粗提的原理和方法。
（3）掌握酢浆草提取物对 DPPH 自由基清除能力实验的基本操作。

【实验原理】

DPPH 是一种很稳定的氮中心的自由基,它的稳定性主要来自共振稳定作用及 3 个苯环的空间障碍,使夹在中间的氮原子上不成对的电子不能发挥其应有的电子成对作用。DPPH 法即是根据 DPPH 自由基有单电子,在 517 nm 处有一强吸收,其醇溶液呈紫色的特性。当有自由基清除剂存在时,由于与其单电子配对而使其吸收逐渐消失,其褪色程度与其接受的电子数量成定量关系,因而可用分光光度计进行快速的定量分析。

【仪器和试剂】

仪器和试剂：VIS-7220 可见分光光度计，BS200S 电子天平，调温电热套，粉碎装置，无水乙醇（AR），2,2—联苯基—1—苦味肼基自由基（2,2—Diphenyl—1—picrylhydrazyl，DPPH），吸量管，容量瓶以及一些常规的玻璃仪器。

材料：酢浆草（采于广西师范学院明秀校区内）。

【实验步骤】

1. 材料准备

将采集的酢浆草全草洗净阴干，粉碎备用。准确称取酢浆草粗粉 25 g 置烧杯中，加蒸馏水 500 mL，浸泡 12 h 后，加热（90±5）°C 回流提取 2 次，每次 1 h，趁热过滤。合并两次滤液后浓缩至生药含量为 0.2 g/mL。

2. 试剂配制

准确称取 19.9 mgDPPH，用无水乙醇避光搅拌溶解后定容于 250 mL 容量瓶中，DPPH 浓度为 2.019×10^{-4} mol/L，4 °C 避光保存。

3. 酢浆草提取物清除 DPPH 自由基能力的测定

分别向各试管中移取不同浓度样品提取液 2.0 mL，混匀避光静置 30 min 后用无水乙醇作参比测定其在 517 nm 处的吸光度 A_p，同时测定不同浓度样品提取液 2.0 mL 与 2.0 mL 样品溶剂混合后的吸光度 A_c，以及 2.0 mL 样品溶剂与 2.0 mL DPPH 溶液混合均匀后的吸光度 A_{max}。分别作 3 次平行试验，取平均值。DPPH 自由基的清除率按下式计算：

$$清除率（\%）= [1 - (A_p - A_c)/A_{max}] \times 100\%$$

式中　A_p——2.0 mL 样品 + 2.0 mLDPPH 混合液吸光度；

A_c——2.0 mL 样品 + 2.0 mL 样品溶剂混合液吸光度；

A_{max}——2.0 mLDPPH + 2.0 mL 样品溶剂混合液吸光度。

思考题

1. 对于测定提取物抗氧化活性还可采用其它什么方法？
2. 本实验为什么用无水乙醇作参比溶液？

参考文献

[1] 胡丰林. 安徽省一些用材树种鲜叶提取物清除 DPPH 自由基的活性初探[J]. 安徽农业大学学报，2004，31（2）：197-202.

[2] 赵骏，张毅，李钥. 20 种中草药醇提液与水提液清除自由基活性的比较[J]. 天津中医药，2007，24（1）：69-70.

[3] 张文博. 植物样品成分的体外抗氧化活性方法研究进展[J]. 广州化工，2011，39（24）：14-16.

[4] 蔡碧琼，蔡珠玉，等. 水稻中黄酮提取物的抗氧化性质研究[J]. 江西农业大学学报，2010，32（4）：813-818.

[5] 周波，王晓红，等. 玉米紫色植株体外抗氧化活性实验研究[J]. 现代食品科技，2007，23（4）：23-25.

实验二十　具有杀虫活性 1—（3—甲氧基—4—羟基苯基）—7—（4—羟基苯基）—1,6—庚二烯—3,5—二酮天然化合物的全合成

【背景知识】

1,7—二芳基庚烷类化合物（*diarylheptanoids*）是一类从山姜、黄姜、桦木等植物中分离的具有调味、健胃、抗肝毒、消炎、抗溃疡、抗氧化和杀虫等多种生物活性的天然产物[1,2]，迄今已发现 230 多个[3,4]。国外学者 Fumiyuki Kiuchi 等从姜科植物 *Etlingera elatior* 的根茎中分离得到的，1,7—二芳基庚烷化合物，其结构为 1—（3—甲氧基—4—羟基苯基）—7（4—羟基苯基）—1,4,6—庚三烯—3—酮，药理活性显示该天然产物具有杀虫的生物作用[5]，目前尚未见有关该化合物的全合成报道。本实验以香草醛和 4-羟基苯甲醛为原料，经 7 步反应，首次合成由姜科植物 *Etlingera elatior* 的根茎中分离得到具有杀虫活性天然产物 1—（3—甲氧基—4—羟基苯基）—7—（4—羟基苯基）—1,6—庚二烯—3,5—二酮（化合物 1），总收率 20.8%，其光谱数据与文献值[5]吻合。

1—（3—甲氧基—4—羟基苯基）—7（4—羟基苯基）—1,6—庚二烯—3,5—二酮（化合物 1）

【实验目的】

（1）了解 1—（3—甲氧基—4—羟基苯基）—7—（4—羟基苯基）—1,6—庚二烯—3,5—二酮的全合成路线。

（2）掌握 1—（3—甲氧基—4—羟基苯基）—7—（4—羟基苯基）—1,6—庚二烯—3,5—二酮的全合成方法。

【实验原理】

用 4—羟基苯甲醛（2）与氯甲氧基甲基醚反应以 86%的收率得到甲氧基保护化合物（3），香草醛（7）在同样条件下得到（8），收率 83%；（3）与膦叶立德试剂在苯中发生 Witting 反应以 96%的收率得到甲氧基甲氧基肉桂酸甲酯（4），化合物（4）碱性水解以 75%的收率制得相应的酸（5），其经草酰氯酰化以 95%产率得到关键中间体（6），（6）在低温 LDA 作用下与由（8）和丙酮经碱催化缩合得到的（9）（收率 81%）发生 α，β—不饱和甲基酮区域选择性酰基化反应，不经分离进行酸化，以 95%的收率得到天然产物（1），经过上述 7 步反应，以总收率达 20.8%首次全合成了目标化合物（1）。化合物（1）的全合成路线如图 20.1 所示。

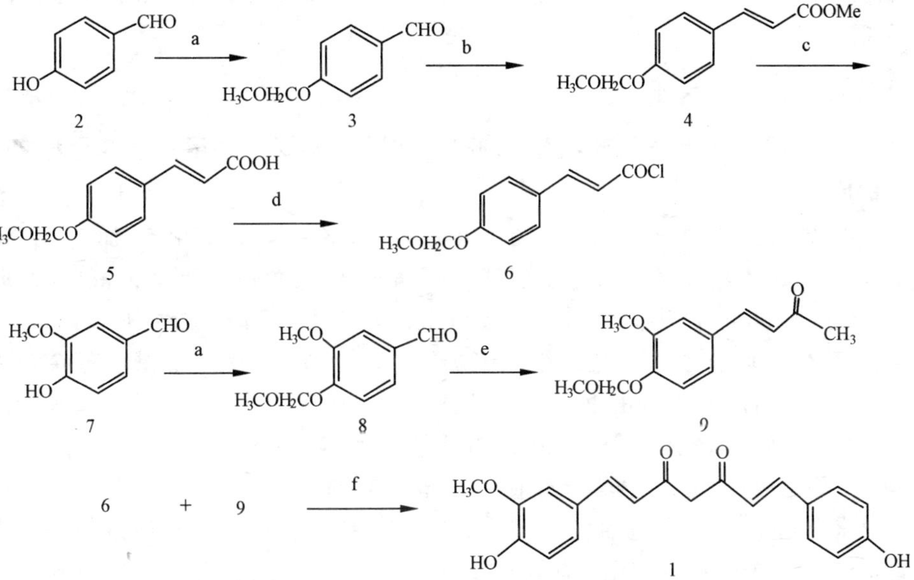

图 20.1 化合物（1）的全合成路线

Reagents and Conditions：a) acetone, $ClCH_2OCH_3$, K_2CO_3, 86%（83% in 8）；b) $Ph_3P = CH_2COOMe$, benzene, ref., 96%；c) MeOH, 10%NaOH, then 3M HCl, 75%；d) $(CO)Cl_2$, reflux, 95%；e) acetone, 1% NaOH；0°C, 81%；f)（1）THF, LDA, −78 °C；（2）MeOH, 3MHCl, reflux, 50%.

【仪器和试剂】

本实验熔点用 X_4 显微熔点测定仪，温度计未经校正；红外光谱测定采用美国 Nicolet FT360 红外光谱仪，KBr 压片；^1H NMR 核磁共振采用瑞士布鲁克 AVANCE AV 500 MHz 超导核磁共振仪和 Varian 400 型核磁共振仪以及 AVANCE Mercury plus-300 型核磁共振仪测定，TMS 为内标，溶剂均为 $CDCl_3$；质谱用 HP-5988 测定以及 Polaris-Q 型 GC-MS（美国 Thermofinnigan 公司生产）（离子源：ESI）。

所用的试剂除特别注明外均为分析纯试剂，柱层析硅胶和薄层层析硅胶均为青岛海洋化工厂产品（200~300 目），薄层层析硅胶为烟台市硅胶开发实验厂生产的高效板。所有溶剂均为现蒸现用，无水苯、四氢呋喃、乙醚、正己烷是在氮气保护下从钠丝和二苯甲酮上回流至溶剂变为深蓝色后蒸出，无水二氯甲烷、二甲基甲酰胺、二异丙胺和二甲基亚砜是用氢化钙或者氢化钠干燥后，于氢化钙上回流数小时蒸出使用，丙酮是用无水碳酸钾回流后蒸出再用，吡啶是用氢氧化钾干燥后重蒸得到，三氟化硼乙醚溶液经水泵减压蒸馏。

【实验操作及结果】

1. 4–甲氧基甲氧基苯甲醛（3）和 3–甲基–4–甲氧基甲氧基苯甲醛（8）的合成

在 50 mL 的圆底烧瓶中加入 1.220 g（10 mmol）对羟基苯甲醛，加入 20 mL 无水丙酮使之溶解完全，在剧烈搅拌下再加入 3.087 g（22.4 mmol）无水 K_2CO_3，10 min 后滴加 1.534 g（19.1 mmol）氯甲基甲醚。缓慢升温到 45~50 °C 下反应回流 4 h，（TLC 检测反应终点），溶液变为黄色，减压蒸除大部分的丙酮，后加入 35 mL 的水溶解残渣，然后用乙醚（3×15 mL）萃取，合并有机相，经 5%氯化氨溶液、水、饱和食盐水溶液洗涤后，无水 Mg_2SO_4 干燥，蒸除乙醚，所得残余物经硅胶柱层析分离纯化（$V_{石油醚}:V_{乙酸乙酯}=10:1$）得到化合物（3）淡黄色油状物，（1.411g，产率 85%）。类似反应条件，香草醛 1.52 g（10 mmol），氯甲基醚（21 mmol），溶解在 30mL 的干燥丙酮中，加入无水碳酸钾（2.76 g，20 mmol）反应得到化合物（8），白色蜡状固体，1.63 g，83%。

化合物 3：^{1}HNMR（500 MHz, $CDCl_3$）δH（ppm）3.51（3H, s, OCH_2OCH_3），5.28（2H, s, OCH_2OCH_3），7.16（2H, d, J = 8.5 Hz, C_3-H, C_5-H），7.86（2H, d, J = 8.5 Hz, C_2-H, C_6-H），9.92（1H, s, Ar-CHO）；EIMSm/z: 166（M^+, 45），135（11），105（5），77（11），45（100）。

化合物 8：^{1}HNMR（500 MHz, $CDCl_3$）δH（ppm）3.50（3H, s, OCH_2OCH_3），3.92（3H, –OCH_3），5.31（2H, s, OCH_2OCH_3），7.24-7.42（3H, m, Ar-H），9.84（1H, s, Ar-CHO）；EIMSm/z: 196（M^+, 45），166（20），150（5），

119（5），77（5），45（100）。

2. 3-（4-甲氧基甲氧基苯基）-2-丙烯酸甲酯（4）

在 50 mL 的圆底烧瓶中以 12mL 无水苯溶解 0.690 g（5 mmol）3，加入 5 mmol PH$_3$P = CHCOOMe，将反应置于 70 °C 下回流约 9 h，溶液呈黄色。减压蒸除大部分的苯，所得残余物经硅胶柱层析分离纯化（V石油醚：V乙酸乙酯 = 8：1）得黄色油状物 4，925 mg，96%。

化合物 4：^{1}HNMR（500MHz，CDCl$_3$）δH（ppm）3.45（3H，s，OCH$_2$OCH$_3$），3.76（3H，s，COOCH$_3$），5.16（2H，s，OCH$_2$OCH$_3$），5.83（1H，d，J = 16 Hz，= CHCOOMe），7.02（2H，d，J = 8.7 Hz，C$_3$-H and C$_5$-H），7.63（2H，d，J = 8.7 Hz，C$_2$-H and C$_6$-H），7.65（1H，d，J = 16Hz，Ar-CH =）。EIMS m/z:222（M$^+$，53），192（30），161（25）。IR（KBr）ν_{max}: 2990，2945，2900，2823，1723，1642，1605，1572，1511，1433，1315，1245，1196，1078，988，918，833cm^{-1}。

3. 4-甲氧基甲氧基肉桂酸（5）

将化合物（4）（2.0 g, 11 mmol）溶于 20 mL 甲醇，加入 20 mL 10%NaOH 水溶液，回流 30 min，用稀盐酸将溶液迅速调至酸性，溶液发生混浊，将混浊溶液加入冰水，用三氯甲烷萃取，依次用水、饱和食盐水洗涤后，有机相用无水 MgSO$_4$ 干燥，过滤，减压蒸除溶剂，得黄色油状物 5（0.569 g，75%）。

化合物 5：^{1}HNMR（CD$_3$Cl，400 MHz）：3.51（3H，s，CH$_3$OCH$_2$），5.36（2H，s，CH$_3$OCH$_2$），6.30（1H，m，J = 16 Hz），6.85（2H，d，J = 7.8 Hz），7.43（2H，d，J = 7.8 Hz），7.68（1H，d，J = 16Hz，Ar-CH =）。EIMS m/z:208（M$^+$，61），147（100），121（10），91（22），45（50）。IR（KBr）ν_{max}: 3 415，2 917，2 843，1 728，1 605，1 511，1 450，1 245，1 172，1 030，972，816，690cm^{-1}。

4. 4-（4-甲氧基甲氧基苯基）-2-丙烯酰氯（6）

在 50 mL 圆底烧瓶中加入 4—甲氧基甲氧基肉桂酸（5）（208 mg，1 mmol）溶解在 10 mL 的 CH$_2$Cl$_2$ 中，滴加 2 滴 DMF 后，再加入 2.2 mol 的三乙胺（K$_2$CO$_3$ 或者吡啶），室温（温度不能超过 20 °C）或者在冰水浴搅拌下用恒压滴液漏斗（装有氯化钙干燥装置和尾气接收器）缓慢滴加 0.166 g（2 mmol）的草酰氯，室温反应 2 h，然后减压蒸出过量的溶剂和草酰氯，得到浅黄色油状物（6），216 mg，产率 95%。由于化合物（6）不稳定，很难对它进行结构测定，可直接用于下一步反应。

5. 4-(3-甲氧基-4-甲氧基甲氧基苯基)-3-丁烯-2-酮（9）

将化合物 8（1.96 g，10.0 mmol）溶解在 10 mL 丙酮中，在冰浴搅拌下缓慢逐滴加入 1%NaOH 30 mL，溶液出现浅黄绿色，将反应置于室温下反应，（TLC 检测进程）约 2 h 后反应结束，把反应混合物倒入 50 mL 的冰水中，用 25 mL 乙醚萃取 3 次，合并有机相，依次用 5%的 NH_4Cl 水溶液、水、饱和食盐水洗涤后，有机相用无水 $MgSO_4$ 干燥，过滤，减压蒸除溶剂，残余物经硅胶柱层析分离纯化（$V_{石油醚}$：$V_{乙酸乙酯}$ = 8∶1）得黄色固体化合物（9）（1.96g，83%）; m.p. 45~47 ℃。

化合物 9：^{1}HNMR（500MHz，$CDCl_3$）δH（ppm）:2.36（3H，s，-$COCH_3$），3.50（3H，s，-OCH_2OCH_3）3.91（3H，s，-OCH_3），5.26（2H，s，OCH_2OCH_3），6.61（1H，d，J = 16.0 Hz，= $CHCOCH_3$）7.08~7.16（3H，m，Ar-H），7.41（1H，d，J = 16.0 Hz，-Ar-CH =）. EIMS m/z:236（50），206（5），191（40），175（10），162（10），45（100）。

6. 目标产物 1-(3-甲氧基-4-羟基苯基)-7-(4-羟基苯基)-1,6-庚二烯-3,5-二酮（化合物 1）的合成

将直形二通，在通氮气的条件下，一边用煤气除潮，一边抽真空，如此反复 3 次。让反应装置在氮气保护下自然冷却到室温，用液氮和乙醇（或者液氮和丙酮）调节反应温度为 -30 ℃，然后将 0.09 mL（0.64 mmol）二异丙胺溶于干燥新蒸馏的 2.5 mL 四氢呋喃溶液中，搅拌下滴加 2.6mol/L 的正丁基的正己烷溶液 0.2 mL（0.52 mmol），在 -50 ℃下搅拌反应 1 h；然后降温至 -80 ℃继续加入含化合物 9（118 mg，0.5 mmol）的四氢呋喃溶液 2.5 mL，紧接着将含化合物 6（129 mg，0.5 mmol）的四氢呋喃溶液 2.5 mL 缓慢滴加到反应瓶中，在此温度下反应 1 h，然后自然升温到室温，用 3 mL 的饱和氯化铵淬灭反应，然后，用 20 mL 乙酸乙酯萃取 3 次，合并有机相，依次用水、饱和食盐水洗至中性，无水硫酸镁干燥，过滤，洗涤，减压蒸出乙酸乙酯，得到浅黄色油状物，未经过分离直接进行下一步反应，将所得化合物溶于 2 mL 甲醇中，再加入 1 mL3N HCl 的盐酸，回流反应 1 h，乙醚萃取，水、饱和食盐水洗涤直到中性。干燥、过滤、浓缩，硅胶柱层析分离纯化($V_{石油醚}$：$V_{乙酸乙酯}$ = 4∶1)得到黄色粉末状固体化合物(1)(84 mg，两步合并收率50%), m.p.:168~170 ℃。

化合物 1：^{1}HNMR（acetone，500MHz）：3.97（6H，s，2-OCH_3），5.81（1H，s），6.51（2H，d，J = 16 Hz），6.88（2H，d，J = 8.5 Hz），6.95（1H，d，J = 8.0 Hz），7.07（1H，s），7.15（1H，d，J = 8.5 Hz），7.49（2H，d，J

= 8.5 Hz），7.64（2H，d，J = 16.0 Hz）。ESIMS m/z:337.33（[M-H]⁺，100），217（20），119（22）。IR（KBr）ν_{max}：3 329，1 625，1 609，1 580，1 507，1 433，1 258，1 225，1 172，1 025，972，849，780 cm^{-1}。

思考题

1. 用醛（3）经过 witting 反应得到的肉桂酸甲酯 4，在该实验中，发现原料与产物的极性没有差别（R_f 相同），无法以 TLC 在 UV254 nm 加以区分，但是二者对 5%的磷钼酸乙醇溶液中显色不同：醛显浅黄色，而酯显深蓝色，是否可以根据对显色剂的不同来判断反应的进程？

2. 在由取代的肉桂酸甲酯（4）生成取代的肉桂酸（5）实验中，一定要小心地调节 pH 值，为什么？

3. 采用文献[6]的方法合成酰氯化合物（6）时，没有得到所需要的目标产物，会使得反应原料的保护基团脱落下去，而参考文献[7, 8]的方法，采用了 $(CO)_2Cl_2$ 在弱碱性条件下，制得预定的目标产物（6），为什么？

4. 对目标化合物（1）的合成方法可否应用于不对称 1，7—二芳基—1，6—庚二烯—3，5—二酮和 1，7—二芳基—3，5—庚二酮类天然产物和类似物的全合成？

参考文献

[1] 黄初升，白素平，李瀛.天然线性二芳基庚烷类化合物[J]. 天然产物研究与开发.1997，9（2）：98-104.

[2] Keseru，G. Metal；*In Studies in Natural Products Chemistry*；Atta-ur-Pahman，Ed；Elsevier Science：*Yew York*，1995；17，357.

[3] 刘红星，马小红，黄初升，天然吡喃环和呋喃环二芳基庚烷类化合物[J]. 天然产物研究与开发.2006，18（增刊）：205-209.

[4] 刘红星，马小红，黄初升，天然大环芳基庚烷类化合物的研究概况[J]. 天然产物研究与开发.2008，20（1）：173-179.

[5] Fumiyuki Kiuchi，Yoshihida Goto，Naoki Sugimoto，et al.Nematocida Activity of Turmetic:Synergistic action of Curcuminoids. Chem.

Pharm. Bull. 1993, 41 (9), 1640 -1643.
[6] Asao Hosoda, Eisaku Nomura, Kazuhiko Mizuno, et al.Preparationg of a(±) - 1, 6-Di-O-fetuloyl-*myo*-inoditol Derivative:An efficient Method for Introduction of Ferulic Acid to 1.6-Vicinal Hydroxyl Grops of myo-Inositol. J.Org. Chem. 2001, 66, 7199-7201.
[7] R. Pellegata, A, Italia, M.Villa. A Facile Preparation of Primary Carboxamides. 1985. Synthetic Communications. 517-519.
[8] Palasz, P. D.; Utley, H. P.; Hardstone, J. D.Electro-organic Reactons, Part 22; Acta. Chemica. Scandinavica. B. 1984, 38, 281-292.

特色篇

广西大宗特色资源简介

一、甘蔗与蔗糖

甘蔗是甘蔗属（Saccharum）的总称，为一年生或多年生宿根热带和亚热带草本植物。中国最常见的食用甘蔗为竹蔗（Saccharum sinense）。甘蔗适合栽种于土壤肥沃、阳光充足、冬夏温差大的地方。甘蔗是温带和热带农作物，是制造蔗糖的原料，且可提炼乙醇作为能源替代品。全世界有一百多个国家出产甘蔗，大的甘蔗生产国是巴西、印度和中国。甘蔗中含有丰富的糖分、水分，还含有对人体新陈代谢非常有益的各种维生素、脂肪、蛋白质、有机酸、钙、铁等物质，主要用于制糖，现广泛种植于热带及亚热带地区。

广西气候为南亚热带季风气候，大部分土地在北回归线以南，主蔗区年平均气温 22 ℃，年平均降雨量 1 300 mm，雨热与甘蔗生长同季，是全球最适宜种植甘蔗的地区之一。广西现有耕地面积 263 万 hm^2，其中旱地面积 115 万 hm^2。目前甘蔗种植面积仅占全区耕地总积的 26%，发展甘蔗生产的潜力很大。自我国实施西部大开发战略以来，广西地区蔗糖业生产规模不断扩大，综合生产能力大幅提高，广西糖业部门公布的最新数据显示，2012/2013 榨季，广西甘蔗种植面积共 1 620 万亩，同比增长 80 万亩，广西甘蔗种植面积稳定在 1 600 万亩左右，2012/2013 榨季甘蔗产量 7 500 多万 t，预计产糖 800 万吨，惠及 2 000 多万农户，产业规模连续 20 年居全国第一位。目前，蔗糖生产已经成为广西大部分市、县的优势产业和支柱产业（图 13）。

图 13　丰收的糖蔗

二、木薯与淀粉

木薯,是灌木状多年生作物。茎直立,木质,高 2～5 m,单叶互生掌状深裂,纸质,披针形。单性花,圆锥花序,顶生,雌雄同序。木薯为世界三大薯类(木薯、甘薯、马铃薯)之一。木薯属有 100 多个种,木薯为唯一用于经济栽培的种,其它均为野生种。木薯可分为甜、苦两个品种类型。木薯的主要用途是食用、饲用和工业上开发利用。块根淀粉是工业上主要的制淀粉原料之一。世界上木薯全部产量的 65%用于人类食物,是热带湿地低收入农户的主要食用作物。作为生产饲料的原料,木薯粗粉、叶片是一种高能量的饲料成分。在发酵工业上,木薯淀粉或干片可制酒精、柠檬酸、谷氨酸、赖氨酸、木薯蛋白质、葡萄糖、果糖等,这些产品在食品、饮料、医药、纺织(染布)、造纸等方面均有重要用途。木薯于 19 世纪 20 年代引入我国。在中国主要用作饲料和提取淀粉。木薯是广西壮族自治区重点、特色农作物之一(图 14),广西是我国木薯生产的第一大省,每年木薯生产总量已达 800 万 t,种植面积达 400 万亩,广西的木薯占全国产量的 70%,是木薯种植、加工的最大产地。

木薯属热带作物,种植需要高温、强光和多雨的气候环境条件,具有明显的地域性。广西地处南亚热带，北回归线横贯境内，高温多雨，且雨热同季，拥有热作区面积11.4万平方公里，占全国热作区总面积的38.5%，位居全国第一，是我国最适宜发展木薯生产的主要地区。全区适宜种植木薯的耕地面积较多，目前在尚未开发的12000万亩荒山荒地中约有3 000万亩适宜种植木薯。扩大种植面积的潜力仍然很大。木薯是广西一种重要的经济作物，其用途很广，经济价值较高，特别是中国加入WTO后，蔗糖业生产遭受巨大冲击的情况下，木薯生产将成为广西重要的支柱产业，成为广西经济发展的新的增长点。

图14　广西武鸣木薯种植基地

广西现有木薯淀粉厂150多家，总生产能力达10 000 t/日，其中年产2万t级以上的6家。木薯酒精厂20多家，生产能力达1 000 t/日。深加工产品主要有变性淀粉、柠檬酸、味精、山梨醇、冰醋酸、山梨酸等200多个工业产品和燃料乙醇。2009年，广西木薯工业淀粉年产量60万t，约占全国产量的75%；变性淀粉产量12万t左右，约占全国总量的15%。广西利用丰富的木薯资源，采用化学与生物变性技术，针对不同用途，研制开发了能广泛应用于纺织、造纸、食品、医药、石油、饲料等行业130多种性能的变性淀粉系列产品，取代了PVA（聚乙烯醇）、CMC（羧甲基纤维素）等价格高又污染环境的化学材料，大量替代进口产品，经济效益十分显著。

三、茉莉花

茉莉，为木樨科素馨属常绿灌木或藤本植物的统称，原产于印度、巴基斯坦，中国早已引种，并广泛地种植。茉莉喜温暖湿润和阳光充足环境，其叶色翠绿，花朵颜色洁白，香气浓郁，是最常见的芳香性盆栽花木。在素馨属中，最著名的一种是双瓣茉莉，也就是人们平常俗称的茉莉花。茉莉有着良好的保健和美容功效，可以用来饮食，可用于茉莉花茶的制作。茉莉花是菲律宾、突尼斯、印尼的国花，象征着爱情和友谊。

广西是世界茉莉花集中产区，茉莉花产量占中国总量的80%以上，占世界总量的60%以上。广西横县，是闻名全国的"茉莉之乡"，其茉莉花种植已有400多年的历史，茉莉花每年暮春初夏开花，有单瓣、重瓣、单叶、复叶之分。花色有红白两种，以乳白色花为主。茉莉花花香清雅，可用于制作茉莉花茶、提炼香料等。该县现有茉莉花种植面积10万多亩，花农30多万人，年产茉莉鲜花8万多t，花茶加工企业150家，年加工花茶6万t，产值20多亿元。茉莉鲜花的产量和茉莉花茶的加工量均占全国的半壁江山以上，居全国之首。

如今，该县的茉莉花香飘万里（图15），吸引了全国各地的茶叶生产经销商、茶叶专家以及俄罗斯、日本、韩国、马来西亚、新加坡、澳大利亚、美国等地的海外客商前来采购。

图15　广西横县茉莉花

四、甲壳素与壳聚糖

甲壳质又称甲壳质、明角质,是一种含氮多糖物质,是1811年由法国学者布拉克诺(Braconno)发现,1823年由欧吉尔(Odier)从甲壳动物外壳中提取,并命名为CHITIN,译名为几丁质。甲壳素是地球上存量极为丰富的一种自然资源,也是自然界中迄今为止被发现的唯一带正电荷的动物纤维素。由于它的分子结构中带有不饱和的阳离子基团,因而对带负电荷的各类有害物质具有强大的吸附作用。同样它也能清除人体内的"垃圾",达到预防疾病、延年益寿的目的。由于甲壳素具有这种独特功能,它被欧美科学家誉为和蛋白质、脂肪、糖类、维生素、矿物质同等重要的人体第六生命要素。甲壳素具有抗癌抑制癌、瘤细胞转移,提高人体免疫力及护肝解毒作用。尤其适用于糖尿病、肝肾病、高血压、肥胖等症,有利于预防癌细胞病变和辅助放化疗治疗肿瘤疾病。

纯甲壳素是一种无毒无味的白色或灰白色半透明的固体,在水、稀酸、稀碱以及一般的有机溶剂中难以溶解,因而限制了它的应用和发展。后来人们在研究探索中发现,甲壳素经浓碱处理脱去其中的乙酰基就变成可溶性甲壳素,又称甲壳胺或壳聚糖,它的化学名称为(1-4)—2—氨基—2—脱氧—β—D—葡萄糖,或简称聚胺基葡萄糖。壳聚糖(chitosan)是由自然界广泛存在的几丁质(chitin)经过脱乙酰作用得到的,化学名称为聚葡萄糖胺(1-4)—2—氨基—B—D葡萄糖,自1859年,法国人Rouget首先得到壳聚糖后,这种天然高分子的生物官能性和相容性、血液相容性、安全性、微生物降解性等优良性能被各行各业广泛关注,在医药、食品、化工、化妆品、水处理、金属提取及回收、生化和生物医学工程等诸多领域的应用研究取得了重大进展。针对患者,壳聚糖降血脂、降血糖的作用已有研究报告。

甲壳素是甲壳动物的主要构成部分,虾、蟹、鲨壳中含量约为15%~20%,是提取甲壳素的理想原料。它在工业上有广泛的用途。从虾、蟹壳中提取甲壳素的成功,为水产品加工综合利用找到了新的途径。广西属亚热带地区,南临北部湾。北部湾是南海西北部一个天然的半封闭海湾,面积为12.93万平方公里。渔业资源丰富,虾蟹类220多种。广西浅海滩涂广阔,水质肥沃,生物品种繁多(图16,17)。水产养殖业发达,被农业部定为我国水产品优势产业带,对虾、罗非鱼则是重点发展品种。2012年,虾蟹类产量36.09万t,其中,广西对虾养殖面积18 488公顷,产量16.55万t,均居全国第二位。

图 16 广西钦州锯缘青蟹

图 17 南美白对虾

实验二十一 红皮甘蔗蔗皮红色素的提取及其稳定性分析

【背景知识】

广西是全国最大的产糖大省，甘蔗作为一种大宗作物，在广西有良好的栽培技术和巨大的栽种面积。红皮甘蔗（S.officinarum）是禾亚科多年生草本植物[1]，自身具有多种色素，其色素主要集中在甘蔗皮层，而皮层是甘蔗加工过程中利用价值比较低的部位，没有得到很好的利用。红皮甘蔗蔗皮含有丰富的天然红色素，具有一定的营养价值和生理保健作用，食用安全可靠，有利于人体健康，色素应用价值远高于焦糖色素，开发甘蔗色素具有广阔的前景[2,3]。

【实验目的】

（1）了解广西红甘蔗蔗皮红色素的资源，学习从植物中提取色素的方法，掌握蔗皮红色素的提取方法和提取条件。

（2）了解蔗皮红色素的理化性质以及各种食品添加剂对蔗皮红色素稳定性的影响，讨论其在食品中的应用。

【实验原理】

红皮甘蔗蔗皮中的红色素属于花青素类化合物[4]，溶于乙醇、水等极性溶剂，不溶于苯、四氯化碳等非极性溶剂，为水溶性色素，可用乙醇溶液进行提取。通过分光光度法测定提取液的吸光度，可了解蔗皮红色素提取效果及其理化性质和在不同条件下蔗皮红色素的稳定性。

【仪器和试剂】

仪器：紫外—见可分光光度计，酸度计，BS200S 电子天平，电热套。

试剂：95%乙醇，石油醚，乙酸乙酯，丙酮，氯化钠，苯甲酸，蔗糖，抗坏血酸，蔗糖，30%过氧化氢，以上试剂均为分析纯。

实验原料：红皮甘蔗蔗皮。

【实验步骤】

1. 甘蔗皮红色素的提取方法

（1）提取方法：将红皮甘蔗用蒸馏水洗净后，自然晾干，用不锈钢小刀刮取其红色外表皮，准确称取 5 g 甘蔗皮放入具塞三角瓶中，加 0.1%HCl-20%乙醇溶液，在室温下浸提 24 h，过滤得色素提取液，用紫外-分光光度计测定滤液的吸光度。

（2）提取条件的确定：分别准确称取一定量的红甘蔗蔗皮，加入体积相同的浸提液，密闭环境中分别在不同提取剂、系列浓度提取剂、不同料液比和不同提取时间的条件下提取蔗皮红色素，过滤，观察提取液颜色并测定各种条件下提取液的吸光度，确定最佳提取条件。

2. 甘蔗皮红色素的稳定性

分别准确称取一定量的红甘蔗蔗皮，加入体积相同的 20%乙醇浸提液，在不同温度、酸度、光照及避光下，密闭环境中浸提一定时间，过滤，观察各提取液颜色差异，于最大吸收波长下测定提取液的吸光度，考察不同条件下蔗皮红色素的稳定性。

3. 添加剂对甘蔗皮红色素稳定性的影响

分别准确称取一定量的红甘蔗蔗皮，用 20%乙醇浸提液浸提一定时间后，过滤，在滤液中分别加入系列浓度的蔗糖、氯化钠、苯甲酸、抗坏血酸和过氧化氢溶液，放置一段时间后观察提取液颜色的变化并于最大吸收波长下测定提取液的吸光度，考察各种添加剂对蔗皮红色素稳定性的影响。

4. 结果与分析

（1）观察记录蔗皮红色素的外观颜色，确定红甘蔗蔗皮红色素的最佳提取条件。

（2）分析温度、酸度、光照等因素对蔗皮红色素的影响。

（3）分析各种食品添加剂对蔗皮红色素的影响及蔗皮红色素在食品中应用的可能性。

思考题

1. 请说明植物色素相对合成色素有哪些优点和不足？
2. 采用不同溶剂提取红皮甘蔗，提取液的色素成分是否相同，为什么？

▶▶ 参考文献 ◀◀

[1] 陈存社，董银卯，陆辛玫，等. 食用天然色素的提取及其稳定性研究[J]. 天然产物研究与开发，2001，13（6）:39-41.

[2] 丁家兴. 食用天然色素的应用及发展[J]. 甘肃科技. 2003，19（5）:48-49.

[3] 赵吉寿，颜莉，戴建辉. 昆明产紫卷心菜紫红色素的提取与性研究[J]. 云南民族学院学报（自然科学版），2002，11（2）:96-99.

[4] 丁利君，赵丽琴. 红甘蔗皮红色素的提取及稳定性研究[J]. 食品与机械，2005，21（2）:29-31.

实验二十二　茉莉花渣中微量元素的测定

【背景知识】

广西横县是我国最大的茉莉花生产和花茶加工基地，年产鲜花 6 万吨，被誉为"中国茉莉花之都"。茉莉花渣是茉莉花窨制花茶或是提制过精油、浸膏后的废渣，茉莉花经窨制后，仅低沸点的香气组分挥发，大多数有机物及微量元素仍留在花渣内，主要化学成分未发生变化[1]。茉莉花渣一般用作饲料、肥料处理，利用率极低。有关于茉莉花渣的研究很少，国内外对于茉莉花及茉莉花渣的研究主要集中在茉莉花香气、香精油的制备上[2,3]。通过测定茉莉花渣中的微量元素的含量，可更好地了解茉莉花资源，为废物的利用提供相关信息。

【实验目的】

（1）了解广西茉莉花、茉莉花渣资源及茉莉花渣中微量元素的含量。

（2）学习样品的预处理方法，熟悉原子吸收分光光度计的性能及操作技术，通过对茉莉花渣中微量元素含量的测定，进一步掌握标准曲线法在实际样品分析中的应用。

【实验原理】

锐线光源辐射的待测元素特征光谱通过样品蒸气时，可被待测元素基态原子吸收，待测元素基态原子对特征谱线的吸收符合郎伯-比尔定律，由发射光谱被减弱的程度，可求得样品中待测元素的含量[4]：

$$A = -\lg I/I_0 = -\lg T = KCL$$

式中　I——透射光强度；

I_0——入光强度；

T——透射比；

L——光通过原子化器的光程，由于 L 是固定值，所以 $A = KC$。

【仪器和试剂】

仪器：原子吸收分光光度计，Fe、Mn、Zn、Cu、Ca、Mg、K、Na 等空心阴极灯，高温马弗炉，BS200S 电子天平。

试剂：硝酸（优级纯）；铁、锰、锌、铜、钙、镁、钾、钠元素的分析纯化合物。

材料：横县茉莉花渣。

原子吸收分光光度计测定条件见表 22.1。

表 22.1　原子吸收分光光度计工作条件表

测定元素	波长（nm）	灯电流（mA）	狭缝宽度（nm）	火焰高度（mm）	燃气流量（L/min）
Zn	213.9	3.0	0.4	6.0	1.00
Fe	248.8	4.0	0.2	8.0	1.70
Mn	279.5	2.0	0.2	6.0	1.70
Ca	422.7	3.0	0.4	6.0	1.70
Mg	285.4	2.0	0.4	6.0	1.50
Na	589.0	2.0	0.4	5.0	1.10
Cu	324.7	3.0	0.4	6.0	2.00
K	766.7	3.0	2.0	6.0	1.70

【实验步骤】

1. 茉莉花渣样品的预处理

将干燥的茉莉花渣粉碎，准确称取一定量的茉莉花渣放入洁净的瓷坩埚中，置于电炉上炭化直至不再冒烟，再移入马弗炉中在 800 ℃下灰化 6 h，待冷却后，滴加浓硝酸溶解，定量移入 100 mL 容量瓶中，定容，待测（根据各元素测定条件与浓度不同，测定前进行适当稀释，测定钙时加入 5 mL 1.25 g/L 氧化镧溶液作为释放剂）。按上述操作同时平行处理两个样品空白。

2. 标准曲线的绘制和样品溶液的测定

准确配制各待测元素一定浓度的标准储备液，测定时将各元素的储备液稀释为系列标准溶液，按照表 22.1 中仪器工作条件对各元素的系列标准溶液进行测定，根据标准溶液的浓度和吸光度值绘制标准曲线，同时对处理好的样品空白溶液和样品溶液进行测定，求出标准曲线的线性回归方程和相关系数，计算样品中各元素的含量。

3. 回收率的测定

取同一样品，加入一定浓度的钙、铁、锌、铜、锰、镁、钠标准溶液，在与样品溶液测定相同的条件下，测定各元素相应的吸光度，按下式计算加标回收率：

加标回收率% = [（加标试样测定值 − 试样测定值）/加标量] × 100%

4. 数据处理

根据标准曲线和样品的吸光度值确定样品中各元素的含量和加标回收率。

思考题

1. 若采用湿法消化对茉莉花渣样品进行预处理，与干灰化法的实验结果是否相同？实验中应注意什么问题？

2. 本实验测定茉莉花渣样品中的微量元素时，对所用的实验器皿、试剂和水有何要求？为什么？

3. 用原子吸收分光光度计测定时，若测定吸光度值不理想，可以通过改变哪些条件加以改善？

参考文献

[1] 韦英亮，刘志平，马建强，等. 从茉莉花渣中提取茉莉黄酮的工艺研究[J]. 化工技术与开发，2010，39（3）:42-45.

[2] 张丽霞. 不同制备方法所得茉莉花香精的差异性研究[J]. 山东农业大学学报，2002，33（4）:399-402.

[3] 何谷茂. 超临界 CO_2 萃取桂花和茉莉花浸膏的研究[J]. 精细化工，1984，15（2）:22-24.

[4] 胡劲波，秦卫东，冯素玲，等. 仪器分析[M]. 2版. 北京：北京师范大学出版社，2011：36-41.

实验二十三 壳聚糖磷酸酯钾的合成及在农业上的应用研究

【背景知识】

甲壳素（Chitin），又名甲壳质、几丁、几丁质、壳蛋白、蟹壳素等，是 N—乙酰—2—氨基—2—脱氧—D—葡萄糖以 β—1,4—糖苷键连接而成的无分支的线形高分子化合物，广泛分布于许多低等动物（如虾、蟹等）的外壳及一些低等植物（如真菌、藻类等）的细胞壁中，是自然界中仅次于纤维素的第二大天然聚合物，亦是地球上除蛋白质外数量最大的含氮天然有机化合物，估计每年自然界生物合成的甲壳素达 100×10^{13} kg。由于甲壳素分子结构中含有 N—乙酰氨基、羟基、β—1,4—糖苷键，可以通过甲壳素酶或化学方法进行结构改造和修饰，产生一系列应用价值高的多功能的甲壳素衍生物；这些衍生物因其分子量、修饰基团、脱乙酰基程度不同，它们的溶解性、黏度、成膜性等各有特色，因而广泛用于食品工业、医药工业、轻纺工业、环保、化学分析、功能材料、农业等诸多领域中；特别是在农业方面，被认为是一种新型的植物生长调节剂、土壤改良剂、植物病害诱抗剂、种衣剂、抗旱剂或保水剂、果蔬保鲜剂、饲料添加剂、农药载体、可降解地膜等，在农业生产中发挥重要作用[1-4]。

壳聚糖（chitosan），学名为 2—氨基 1,4—β葡聚糖，是一种天然高分子聚合物，不溶于水，溶于稀的有机酸如醋酸、柠檬酸中，溶解后的溶液具有一定的黏性。壳聚糖分子内含有—OH 和—NH_2 活性基团，在它的酸性溶液，因质子化而带上正电荷，成为一种聚电解质，有强吸附力和凝聚作用，具有别的高分子材料不可替代的多种优良性能。壳聚糖可通过甲壳素脱乙酰基后制得，无毒、无害、易于生物降解，不污染环境[5]。经研究发现，甲壳素磷酸酯钾对植物种子的萌发具有明显的促进作用[6]。用壳聚糖溶液处理过的粮食、蔬菜种子，能激发种子提前发芽，促进作物生长，提高抗病能力。用壳聚糖溶液不但能保鲜芒果，而且能用于草莓、柚子、苹果、柑橘保鲜等，且已获得很好的效果[7]。

【实验目的】

（1）系统地对壳聚糖磷酸酯钾进行合成研究，更加广泛、全面的了解合成聚合物的方法和确定其取代度。

（2）采用红外光谱法确定壳聚糖磷酸酯钾合成与否，学会分析原料和产物的结构差异。

【实验原理】

壳聚糖的制备方法很多，有碱熔法、碱液法、微波法和甲壳素脱乙酰酶法等，但目前常用的是碱液法。传统的壳聚糖制备的工艺流程如下：

虾、蟹壳→用稀盐酸、稀碱溶液更替浸泡，水洗，最后用酸浸泡至无气泡产生→漂白→浓碱煮沸 3~4 h→干燥→成品。

操作要点：

（1）稀酸是用来除去碳酸钙等无机盐。

（2）稀碱是用来破坏包围有少数无机盐的蛋白质，使无机盐释放出来。

（3）漂白可用日光漂白，也可用次氯酸进行漂白。

（4）加浓碱煮是使甲壳素脱乙酰基得到壳聚糖。

利用壳聚糖的红外光谱和产物壳聚糖磷酸酯的对比，壳聚糖在 IR 图中的 896.73 cm^{-1} 处有很强的特征吸收峰，而壳聚糖磷酸酯的红外光谱图中 896.73 cm^{-1} 处明显减弱，并出现新 978.66 cm^{-1} P—O 键伸缩振动强吸收峰，证明所制得的产品为壳聚糖磷酸酯。

【仪器和试剂】

实验原料：粗制甲壳素（购自广西北海），甲磺酸（化学纯），其它试剂均为国产分析纯。

测试仪器：红外光谱仪（美国 NICOLET-AVATER360），pH 值滴定计（ZD-2 型）。

【实验步骤】

1. 壳聚糖的制备

粗制甲壳素→10%的盐酸浸泡 1 h→水洗→5.0%的氢氧化钠在 110 ℃下恒温 2 h→水洗至中性→干燥→成品（壳聚糖）。

取制备的壳聚糖用酸碱滴定法[4]，进行脱乙酰度的测定，并用乌氏黏度法测壳聚糖的黏度及相对分子质量[5]。

2. 壳聚糖磷酸酯的制备

(1) 壳聚糖磷酸酯的制备：准确称取 2 g 壳聚糖，加入一定量的甲磺酸溶解后，再加入五氧化二磷，在 0~5 ℃ 搅拌 2~3 h。反应完后，加入乙醚使产物沉淀，离心分离，分别用乙醚、丙酮、甲醇、乙醚多次洗涤，然后干燥。

(2) 测定产物的取代度[6]：准确称取 0.5 g 壳聚糖磷酸酯，溶于 150 mL 去离子水中，加入 5 mL 浓度为 0.3049 mol/L 的盐酸标准溶液，用 0.3006 mol/L 的氢氧化钠标准溶液滴定，每次滴入 0.3 mL 并搅拌，待 pH 值稳定后读数，以氢氧化钠溶液的滴定体积为横坐标，pH 值为纵坐标作图。

(3) 取代度的计算[7]：总取代度 $DS = 0.161A/(1 - 0.081A)$。其中：$A = c_{NaOH} \times (V_2 - V_1)/W$。

V_1 为图中第一次开始突跃处的 NaOH 体积（mL）；V_2 为图中第二次开始突跃处的 NaOH 体积（mL）；W 为壳聚糖的质量。

(4) 红外光谱测定：壳聚糖磷酸酯用溴化钾压片，于红外光谱仪上扫描 400~4000 cm^{-1} 吸收光谱。

红外光谱分析：在红外光谱中，理论上磷酸酯的 P═O 键伸缩振动频率在 1300~1140 cm^{-1} P—O—C 键伸缩振动频率在 1260~160 cm^{-1} 和 995~855 cm^{-1}，P—O 键伸缩振动频率在 1040~910 cm^{-1} 出现吸收峰[7]，而所合成壳聚糖磷酸酯分别在 1198.86 cm^{-1}、1055.48 cm^{-1}、978.66 cm^{-1} 处有很强的吸收峰，特别是在壳聚糖的红外光谱图中 896.73 cm^{-1} 处有很强的壳聚糖特征吸收峰，而壳聚糖磷酸酯的红外光谱图中 896.73 cm^{-1} 处明显减弱并出现新的 978.66 cm^{-1} P—O 键伸缩振动强吸收峰，说明所制得的产品为壳聚糖磷酸酯。

3. 壳聚糖磷酸酯钾的合成

分别向 $1^{\#}$~$7^{\#}$ 壳聚糖磷酸酯中滴入 0.5 mol/L K_2CO_3，中和至没有气泡冒出（溶液显中性），然后加入乙醚使产物沉淀，分别用乙醇、丙酮、乙醚洗涤，干燥得对应的 $1^{\#}$~$7^{\#}$ 壳聚糖磷酸酯钾[8]。

思考题

1. 壳聚糖磷酸酯钾对种子发芽的促进作用主要与什么有关?
2. 对照已有的文献报道[4]、[5],壳聚糖用酸碱滴定法[4]如何进行脱乙酰度的测定?用乌氏黏度法测壳聚糖的黏度及相对分子质量[5]该如何进行?

参考文献

[1] 段新芳.甲壳素和壳聚糖的研究及其在农林业中的应用[J].世界林业研究,1998,(3):9-13.

[2] Simon CWR, Hanno VJK, Ruth D. Potential of low molecular chitosan as a DNA delivery system: biocompatility, body distribution and ability to complex and protect DNA.International Journal of Pharmacentics,1999, 178:231-243

[3] 蒋挺大[M]. 甲壳素. 北京:中国环境科学出版社,1996.429-455.

[4] Bol J F, Linthorst H J M, Cornelissen B J C. Plant pathogenesisralated proteins induced by virus infection[J]. Annu Rev Phytopathol,1990,28:113-138.

[5] Donald Freepos. Enhancing food production with chitosanseed-coating technology[A]. Donald Freepons(eds). Application of Chitin and Chitosan[C]. Lancaster: Technomic Company Publishing, inc, 1997.129-139.

[6] 于汉寿,吴汉章,杨冰.壳聚糖抑制植物病害的研究进展[J].天然产物研究与开发,1999,,12(3):94-97.

[7] 盛家荣,覃志英,许东颖.甲壳素及其衍生物在农业上的应用研究进展.广西师范学院学报[J](自然科学版),2002,4,15-17.

[8] 盛家荣,黄竹林,陈今浩,等.不同取代度的壳聚糖磷酸酯钾的合成及其对种子萌发的作用.种子[J].2005,12(24),26-29.

实验二十四 热塑性木薯淀粉复合材料的制备和性能研究

【背景知识】

合成高分子材料以其不可降解性给环境造成不可忽视的负面影响；同时，用于合成高分子材料的石油资源正面临着日益枯竭的威胁。随着人类对生存环境和可持续发展的关注，开发来源于可再生资源的环境友好材料已成为高分子工业研究热点之一。作为天然大分子，淀粉具有来源广泛、价格低廉、可完全生物降解及再生周期短等优点，是最具发展前途的可生物降解材料之一。

由于淀粉是多糖高分子化合物，分子中含有大量的羟基，能够形成大量分子内和分子间氢键，形成微晶结构的完整颗粒，导致其熔融加工温度远高于其热分解温度，因而不具备热塑加工性，大大限制了淀粉的应用。在淀粉中加入小分子增塑剂后，在热和剪切力的作用下可以制备热塑性淀粉（TPS），从而改善淀粉的加工性能和使用性能，实现淀粉在热塑性塑料中的应用。常用的小分子增塑剂为甘油、水、小分子糖类、甲酰胺、尿素、二甲基亚砜等，它们含有能与淀粉羟基形成氢键的基团，与淀粉中的羟基形成氢键后，削弱淀粉分子间氢键作用，从而提高分子链段的活动能力，降低其玻璃化转变温度，使淀粉在热分解前就因增塑作用破坏其内部的结晶和有序结构，实现淀粉的可热塑加工性。

【实验目的】

（1）了解天然高分子材料的环境友好性及可再生性特点，掌握木薯淀粉的结构及增塑方法。

（2）了解热塑性木薯淀粉的加工方法，探讨剑麻纤维和氢氧化镁、氢氧化铝等无机填料对热塑性木薯淀粉的力学性能的影响。

【实验原理】

与目前使用的大多数普通塑料相比，热塑性淀粉具有耐水性和力学性能差等缺点，加入纤维可以克服这两个缺点。由于淀粉和天然植物纤维化学结构相似，有很好的相容性，将纤维与 TPS 共混，TPS 的力学性能可以明显提高；由于纤维是疏水性的，而淀粉是亲水性的，加入纤维素纤维，TPS 耐水性和热稳定性可以明显提高。此外，一些填料也能增强 TPS 的力学性能并改善其燃烧性能等。

本实验采用与木薯淀粉相容性较好的小分子增塑剂，利用熔融共混的方法制备热塑性淀粉，比较不同增塑剂种类和添加量对木薯淀粉增塑性能和力学性能的影响，探讨天然植物纤维和无机填料对热塑性木薯淀粉材料性能的影响。

【仪器和试剂】

仪器：转矩流变仪，双辊机，平板硫化机，材料试验机，冲击试验机，氧指数仪，邵氏硬度计等。

材料：木薯淀粉，甘油，乙二醇，甲酰胺，尿素，氢氧化镁，氢氧化铝，剑麻纤维。

【实验步骤】

（1）增塑剂的选择：以 100 份木薯淀粉（质量份）为基数，添加同样份数的增塑剂（例如 40 份），在转矩流变仪上密炼，记录扭矩随时间的变化，比较不同增塑剂对木薯淀粉的增塑效果；将密炼后的物料在平板硫化机上模压成型，测试材料的力学性能。根据增塑效果及对力学性能的影响，选择较好的增塑剂进行下面的实验。

（2）增塑剂添加量的确定：根据前面实验结果，选择 1~2 种较好的增塑剂进行添加量影响实验，分别在 100 份木薯淀粉中添加不同份数的增塑剂（例如 20~50 份），研究增塑剂添加量对增塑效果和力学性能的影响，以确定最佳的添加量。

（3）观察天然植物纤维及填料对热塑性木薯淀粉的增强效果。

① 天然植物纤维（剑麻）长度及添加量对热塑性木薯淀粉的增强效果；

② 氢氧化镁及氢氧化铝填料的添加量对热塑性木薯淀粉的增强效果；

③ 剑麻纤维和氢氧化物对热塑性木薯淀粉的协同增强效果。

【实验结果与处理】

整理试验数据，分析实验结果，根据实验过程中出现的问题，提出进一步的解决方案。实验结果要求图表结合但不要重复，要用 Origin 软件作图。

思考题

1. 木薯淀粉的结构及性能特点有哪些？为什么多元醇等极性小分子对木薯淀粉具有增塑作用？
2. 木薯淀粉和天然植物纤维在组成、结构及性能上具有什么特点？剑麻纤维对热塑性木薯淀粉的增强机理是什么？

参考文献

[1] Xianzhong Mo, Yu Xiang Zhong, Chun Qun Liang, Shu Juan Yu. Studies on the Properties of Banana Fibers-Reinforced Thermoplastic Cassava Starch Composites: Preliminary Results. Advanced Materials Research, Vol. 87-88 (2010): 439-444.

[2] Xianzhong Mo, Yuxiang Zhong, Jinying Pang, Ting Guo, Xiang Qi. Experimental Investigation of the Thermoplastic Tapioca Starch/Sisal Fiber Composites, Advanced Materials Research, Vol. 221(2011): 586-591.

[3] 莫羡忠，钟宇翔，庞锦英，甘朝阳，马德超. 植物纤维增强阻燃热塑性淀粉基复合材料及其制备方法[J]. 中国发明专利，CN 101851353A.

实验二十五　单酯法合成三氯蔗糖的研究

【背景知识】

　　甜味剂是世界上研究和销售最活跃的食品添加剂之一。人们最常服用的甜味剂是食糖，然而食糖作为一种高热量、低甜度的食品添加剂，长期食用容易患肥胖、高血脂、糖尿病、冠心病等疾病，严重危害人体健康。因此开发低热量、高甜度的非营养型甜味剂以满足饮食需要具有非常重要的现实意义。以蔗糖等为原料经脱氧、氯化衍生而得到的半天然半合成产品三氯蔗糖，因其甜度高，味质好，储存期长，无热量和安全性高等优点被认为目前强力甜味剂研究的发展方向。

　　三氯蔗糖是以蔗糖为原料经氯代而制得的一种非营养型强力甜味剂，其化学名为4，1′，6′—三氯—4，1′，6′—三脱氧半乳型蔗糖，是一种白色粉末状产品，极易溶于水（溶解度28.2克，20 ℃），水溶液澄清透明，其甜度是蔗糖的400~800倍。三氯蔗糖具有如下优点：

　　（1）水溶液化学稳定性好，高温下甜味不变，而且与食物中的蛋白质果胶等主要成分不起化学反应，在焙烤工艺中甜度更稳定。

　　（2）无毒副作用，在人体内几乎不被吸收，热量值为零，是糖尿病人的甜味代用品。

　　（3）甜味纯正，与蔗糖一样没有不愉快的苦后味和其它怪味，它不被龋齿病菌利用，所以不会引起龋齿。正是基于这些优点，三氯蔗糖是目前食品和医药领域研究开发的热点。目前三氯蔗糖广泛应用于饮料，口香糖，面包，糕点，蜜饯，果冻，布丁和果酱等食品中。而且在医药领域中的应用也正在迅速扩大。

　　目前其合成方法主要有：化学合成法；化学－酶合成法；单酯法。

　　上述合成三氯蔗糖的工艺，化学合成法步骤较多，工艺流程复杂。化学－酶合成法，发酵复杂，且提纯中间产物困难，成本高。单酯法只需要三步反应，收率高，成本低，中间产物易于分离，是合成三氯蔗糖的理想工艺。

【实验原理】

以蔗糖为原料，用化学方法，使蔗糖 6 位上的羟基生成单酯，即蔗糖—6—酯，再用适当的氯化剂进行选择性氯化而生成三氯蔗糖—6—酯，最后脱去酯基，经结晶提纯即得到三氯蔗糖。

【实验目的】

（1）了解单酯法合成三氯蔗糖。

（2）了解使用萃取和结晶的方法分离和提纯三氯蔗糖。

【实验要求】

（1）阅读给定的文献，并用关键词在网上数据库或在图书馆查阅相关的参考资料。

（2）制定研究方案，用单酯法合成三氯蔗糖，探讨合适的合成条件，利用萃取和结晶的方法分离和提纯三氯蔗糖。

（3）对研究的结果进行分析，并提交研究论文。

【实验提示】

1. 蔗糖-6-酯的合成与分离

单酯法的第一步是蔗糖与酰化剂反应生成所需的蔗糖—6—酯。对酰化剂的要求是其生成的蔗糖酯对下一步反应所用的氯化剂是稳定的，并且酰化剂随后易于水解，常用的酰化剂有原乙酸三甲酯，乙酸酐，安息香酸酯和丙酐等。无论采用何种酰化方法，关键在于控制反应条件使蔗糖主要生成单酯，并且尽可能是在 6 位酯化。乙酸酐—吡啶体系特别适合于这种指定在蔗糖 6 位上的酯化，产物蔗糖—6—酯的收率最高可达 40%以上。但是需要控制反应温度在 $-20\ °C$ 以下，反应时间较长。在酸催化剂作用下采用原乙酸三甲酯作为酰化剂，反应条件温和，可在室温下进行。催化剂必须是强酸，常用的有对甲苯磺酸和吡啶盐酸等。反应首先生成蔗糖—4,6—原乙酸酯，该化合物在酸性条件下水解得到蔗糖—6—乙酸酯和蔗糖—4—乙酸酯的混合物，然后加入足量的碱，将蔗糖—4—乙酸酯转变成蔗糖—6—乙酸酯。反应完成后在真空下脱去溶剂，得到蔗糖—6—酯粗品。

2. 氯化剂的选择

单酯法的第二步是蔗糖—6—酯与氯化剂反应生成 4,1′,6′—三氯蔗糖—

6—酯，所用的氯化剂有氯化氧膦、五氯化膦、三氯化膦、乙二酰氯、碳酰氯（光气）、亚硫酰氯（氯化亚砜）等，其中使用光气氯化蔗糖—6—酯收率较高，但光气剧毒，不便于生产操作。氯化亚砜是一种很好的氯化剂，其优点是反应除生成所需的氯代产物以及氯化氢和二氧化硫气体外，没有其它残留物，产物容易分离纯化，且副反应少，产率较高。在实际过程中，氯化亚砜常与二甲基甲酰胺合用，并加入少量吡啶，以提高反应速度和选择性。

3. 三氯蔗糖–6–乙酸酯脱乙酰基及产品的分离

氯化后的反应混合物可经过水蒸气蒸馏、萃取和结晶这三个步骤以分离和提纯三氯蔗糖—6—乙酸酯。也可以将三氯蔗糖—6—乙酸酯进一步乙酰化，然后再分离结晶。具体作法是先除去溶剂，然后加氢氧化钠使溶液 pH 上升至 pH = 11，维持反应温度 15～35 ℃，反应时间 0.5～2 h。反应结束后，加盐酸中和至 pH = 5～7。得到的三氯蔗糖可以用萃取和结晶的方法加以分离和提纯。

【仪器和试剂】

仪器：Re-52 型旋转蒸发仪，高效液相色谱仪，PE-1710 型红外吸收光谱仪，真空泵，搅拌器等。

试剂：蔗糖，乙酸三乙酯，对甲苯磺酸，二甲基甲酰胺，特丁胺，吡啶，食盐，甲醇，甲醇钠，二氯乙烷，亚硫酰氯，乙酸，活性炭等。

1. 如何保证乙酰基团上到蔗糖的 6—位？
2. 在单酯法合成三氯蔗糖过程中，哪些因素影响产物的收率？
3. 氯化剂选用亚硫酰氯有什么优势？说明原理。

▶▶ 参考文献 ◀◀

[1] 刘魁，戎欣玉. 高甜度甜味剂——三氯蔗糖的研究进展及应用前景[J]. 河北工业科技，2004，21（4）:50-54.

[2] 钱浩,胡巧铃. 甜味剂三氯蔗糖的合成[J]. 中国医药工业杂志,1997,28(7):295-297.

[3] 陈维钧,卫岩峰. 新型甜味剂 1′,4,6′—三氯—1′,4,6′—三脱氧半乳蔗糖的研制[J]. 食品与发酵工业,1991,(3):66-68.

[4] 吴雪辉,郭祀远,李琳,等. 磁性阴离子交换树脂对糖液的脱色效能[J]. 华南理工大学学报(自然科学版),1999,27(6):41-45.

[5] 韦异,栗晖,张英,等. 三氯蔗糖的脱色方法研究[J].食品科技,2002,(9):30-32.

[6] 阚国柱,姚建敏,康文通,等. 单酯法合成三氯蔗糖[J]. 河北化工,2007,30(7):18-19,22.

附录　大型仪器设备简介

一、红外光谱仪

红外光谱仪是利用物质对不同波长的红外辐射的吸收特性，进行分子结构和化学组成分析的仪器。红外光谱仪通常由光源、单色器、探测器和计算机处理信息系统组成。根据分光装置的不同，分为色散型和干涉型。对色散型双光路光学零位平衡红外分光光度计而言，当样品吸收了一定频率的红外辐射后，分子的振动能级发生跃迁，透过的光束中相应频率的光被减弱，造成参比光路与样品光路相应辐射的强度差，从而得到所测样品的红外光谱。

1. 工作原理

电磁光谱的红外部分根据其同可见光谱的关系，可分为近红外光、中红外光和远红外光。远红外光（大约 $400 \sim 10 \text{ cm}^{-1}$）同微波毗邻，能量低，可以用于旋转光谱学。中红外光（大约 $4\,000 \sim 400 \text{ cm}^{-1}$）可以用来研究基础震动和相关的旋转-震动结构。更高能量的近红外光（$14\,000 \sim 4\,000 \text{ cm}^{-1}$）可以激发泛音和谐波震动。

有机分子中不同的化学键（如 C—C、C＝C、C＝O、C—H、O—H 和 N—H 等）的键能不同，因而具有不同的振动能级。由于这些不同的振动能级都落在红外波谱的范围内，当受到红外光照射时，会吸收不同频率的红外光而发生能级跃迁，因此可以通过红外光谱的特征吸收频率来鉴定这些键是否存在。红外光谱可以研究分子的结构和化学键，如力常数的测定和分子对称性等，利用红外光谱方法可测定分子的键长和键角，并由此推测分子的立体构型。根据所得的力常数可推知化学键的强弱，由简正频率计算热力学函数等。分子中的某些基团或化学键在不同化合物中所对应的谱带波数基本上是固定的或只在小波段范围内变化，因此许多有机官能团例如甲基、亚甲基、羰基、氰基、羟基、氨基等等在红外光谱中都有特征吸收，通过红外光谱测定，人们就可以判定未知样品中存在哪些有机官能团，这为最终确定未知物的化学结构奠定了基础。

2. 分　类

一般分为两类，一种是光栅扫描的，很少使用；另一种是迈克尔逊干涉仪扫描的，称为傅立叶变换红外光谱，这是目前最广泛使用的。光栅扫描的是利用分光镜将检测光（红外光）分成两束，一束作为参考光，一束作为探测光照射样品，再利用光栅和单色仪将红外光的波长分开，扫描并检测逐个波长的强度，最后整合成一张谱图。

傅立叶变换红外光谱仪（附图1）被称为第三代红外光谱仪，傅立叶变换红外光谱是利用迈克尔逊干涉仪将检测光（红外光）分成两束，在动镜和定镜上反射回分束器上，这两束光是宽带的相干光，会发生干涉。相干的红外光照射到样品上，经检测器采集，获得含有样品信息的红外干涉图数据，经过计算机对数据进行傅立叶变换后，得到样品的红外光谱图。傅立叶变换红外光谱具有扫描速率快，分辨率高，稳定的可重复性等特点，被广泛使用。可应用于染织工业、环境科学、生物学、材料科学、高分子化学、催化、煤结构研究、石油工业、生物医学、生物化学、药学、无机和配位化学基础研究、半导体材料、日用化工等研究领域。

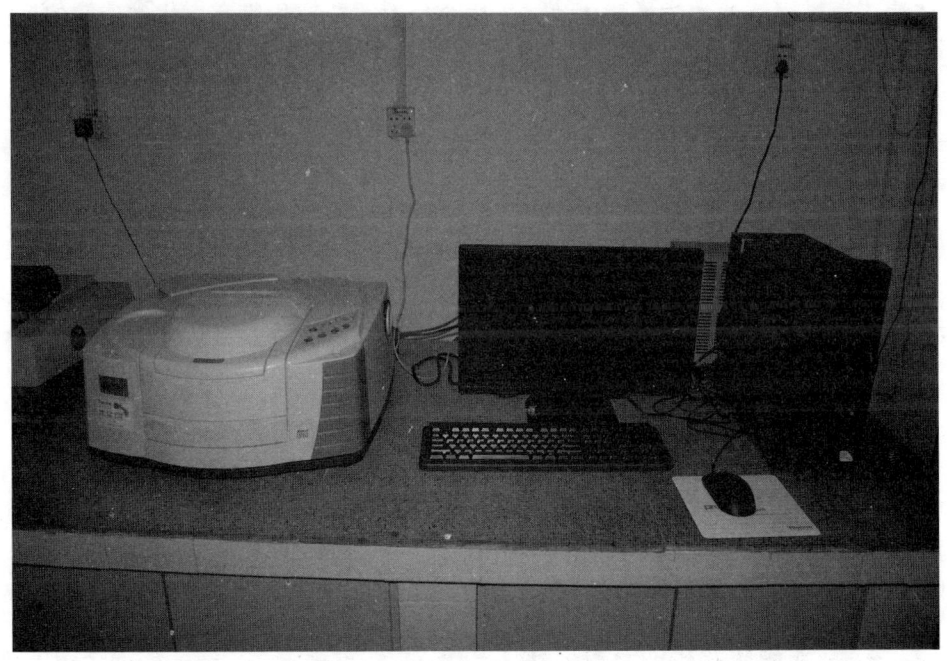

附图1　傅立叶变换红外光谱仪

3. 红外光谱的测定方法

红外光谱对气态、液态和固态样品都能进行分析测定，通常，最简单最常用的方法是卤盐压片法，液态和固体样品的都可以用这种方法。

（1）固体试样

① 压片法。

将 1~2 mg 试样与 200 mg 纯 KBr 研细均匀，置于模具中，用 $(5~10)\times10^7$ Pa 压力在油压机上压成透明薄片，即可用于测定。试样和 KBr 都应经干燥处理，研磨到粒度小于 2 μm，以免散射光影响。

② 石蜡糊法。

将干燥处理后的试样研细，与液状石蜡或全氟代烃混合，调成糊状，夹在盐片中测定。

③ 薄膜法。

主要用于高分子化合物的测定。可将它们直接加热熔融后涂制或压制成膜。也可将试样溶解在低沸点的易挥发溶剂中，涂在盐片上，待溶剂挥发后成膜测定。

当样品量特别少或样品面积特别小时，采用光束聚光器，并配有微量液体池、微量固体池和微量气体池，采用全反射系统或用带有卤化碱透镜的反射系统进行测量。

（2）液体和溶液试样

① 液体池法。

沸点较低，挥发性较大的试样，可注入封闭液体池中，液层厚度一般为 0.01~1 mm。

② 液膜法。

沸点较高的试样，直接滴在两盐片之间，形成液膜。

对于一些吸收很强的液体，当用调整厚度的方法仍然得不到满意的谱图时，可用适当的溶剂配成稀溶液进行测定。一些固体也可以溶液的形式进行测定。常用的红外光谱溶剂应在所测光谱区内本身没有强烈的吸收，不侵蚀盐窗，对试样没有强烈的溶剂化效应等。

（3）气体样品

气体样品可在玻璃气体池内进行测定，它的两端粘有红外透光的 NaCl 或 KBr 窗片。先将气体池抽真空，再将试样注入。

4. 红外谱图解析的一般方法

测定样品的红外光谱以后，需要对谱图进行解析，鉴定出样品的主要官能团乃至推测出其化学结构。谱图解析主要依靠对红外光吸收与化学结构相互关系的理解、平时解谱经验积累及灵活运用基团特征吸收峰及其变化规律的能力等。红外光谱的应用主要包括定性鉴定、新化合物的结构表征及未知化合物的主要官能团及结构推测等。

红外光谱定性鉴定一般采用两种方法：一种是用已知标准物对照；另一种是标准图谱查对法。已知标准物对照就是让标准品和被检物在完全相同的条件下，分别绘出其红外光谱进行对照，根据谱图是否相同来确定两者是否为同一化合物。

标准图谱查对法就是用测出的谱图与文献报道的同一化合物的特征吸收数据或是谱图进行比较和核对，看看两者是否一致。

二、紫外-可见分光光度计

紫外分光光度计，是研究分子吸收 190.0~1 100.0 nm 波长范围内的吸收光谱，也是根据物质的吸收光谱研究物质的成分、结构和物质间相互作用的有效手段。物质的吸收光谱就是物质中的分子和原子吸收了入射光中的某些特定波长的光能量，相应地发生了分子振动能级跃迁和电子能级跃迁的结果。

1. 工作原理

分子的紫外可见吸收光谱是由于分子中的某些基团吸收了紫外可见辐射光后，发生了电子能级跃迁而产生的吸收光谱。由于各种物质具有各自不同的分子、原子和不同的分子空间结构，其吸收光能量的情况也就不会相同，因此，每种物质就有其特有的、固定的吸收光谱曲线，可根据吸收光谱上的某些特征波长处的吸光度的高低判别或测定该物质的含量，这就是分光光度定性和定量分析的基础。

分光光度分析就是根据物质的吸收光谱研究物质的成分、结构和物质间相互作用的有效手段。它是带状光谱，反映了分子中某些基团的信息。可以用标准光图谱再结合其它手段进行定性分析。

又因为许多物质在紫外-可见光区有特征吸收峰，所以可用紫外分光光度法对这些物质分别进行测定（定量分析和定性分析）。紫外分光光度法使用基于朗伯-比耳定律。

朗伯-比耳定律（Lambert-Beer）是光吸收的基本定律，俗称光吸收定律，是分光光度法定量分析的依据和基础。当入射光波长一定时，溶液的吸光度 A 是吸光物质的浓度 C 及吸收介质厚度 l（吸收光程）的函数。

首先确定实验条件，并在此条件下测得标准物质的吸收峰以及其对应波长值（同时可获得该物质的最大吸收波长）；再在选定的波长范围内（或最大波长值处），分别以（不同浓度）标准溶液的吸光度和溶液浓度为纵、横坐标绘出化合物溶液的标准曲线得到其所对应的数学方程；接着在相同实验条件下配制待测溶液，测得待测溶液的吸光度，最后用已获得的标准曲线方程求出待测溶液中所需测定的化合物的含量。

凡具有芳香环或共轭双键结构的有机化合物，根据在特定吸收波长处所测得的吸收度，可用于药品的鉴别、纯度检查及含量测定。

将分析样品和标准样品以相同浓度配制在同一溶剂中，在同一条件下分别测定紫外可见吸收光谱。若两者是同一物质，则两者的光谱图应完全一致。如果没有标样，也可以和现成的标准谱图对照进行比较。这种方法要求仪器准确，精密度高，且测定条件要相同。

实验证明，不同的极性溶剂产生氢键的强度也不同，这可以利用紫外光谱来判断化合物在不同溶剂中氢键强度，以确定选择哪一种溶剂。

2. 校正方法

分光光度法的最重要的一个物理化学量是吸光度。为了获得准确的研究结果，准确测得样品溶液的吸光度是非常重要的。一般地，分析结果的不可靠性与偶然误差和系统误差有关。偶然误差影响测量的精密度，可通过足够数量测量的统计处理来减少；系统误差影响测量结果的准确度，可在大体相同实验条件下，用比较一种物质的准确测量结果，使系统误差统一起来。而分光光度计的系统误差（波长校正、分光光度计的慢散光、放大器的线性响应、暗电流和比色皿的光程）和操作误差（温度改变、仪器读数、操作者的改变、使用物质的纯度、称量和浓度、pH）对测量吸光度的影响是可以检查和校正的。关于操作误差，多数情况下，通过严格按操作程序测量、仪器调零、准确称量等来控制或减少这种误差的产生。关于仪器的系统误差，可通过对分光光度计的定期校正来克服，若要进行准确度很高的测量，则必须天天校正。

3. 使用注意事项

（1）开机前将样品室内的干燥剂取出，仪器自检过程中禁止打开样品室盖。

（2）比色皿内溶液以皿高的 2/3 ~ 4/5 为宜，不可过满以防液体溢出腐蚀仪器。测定时应保持比色皿清洁，池壁上液滴应用擦镜纸擦干，切勿用手直接捏拿透光面。测定紫外波长时，需选用石英比色皿。

（3）测定时，禁止将试剂或液体物质放在仪器的表面上，如有溶液溢出或其它原因将样品槽弄脏，要尽可能及时清理干净。

（4）实验结束后将比色皿中的溶液倒尽，然后用蒸馏水或有机溶剂冲洗比色皿至干净，倒立晾干。关电源将干燥剂放入样品室内，盖上防尘罩，做好使用登记，得到管理老师认可方可离开。

4. 应用范围

紫外可见光分光光度计（附图 2）广泛应用于冶金、机械、化工、医疗卫生、临床检验、生物化学、环境保护、食品、材料科学等领域的生产，教学和科研工作中，特别适合对各种物质进行定量及定性分析。

附图 2　紫外可见光分光光度计

三、气相色谱仪

气相色谱（Gas Chromatography，GC）是 20 世纪 50 年代的一项重大科学技术成就。这是一种新的分离、分析技术，它在工业、农业、国防、建设、科学研究中都得到了广泛应用。气相色谱可分为气固色谱和气液色谱。

1. 工作原理

气相色谱仪是一种多组分混合物的分离、分析工具，它是以气体为流动相，采用冲洗法的柱色谱技术。当多组分的分析物质进入到色谱柱时，由于各组分在色谱柱中的气相和固定相间的分配系数不同，因此各组分在色谱柱的运行速度也就不同，经过一定的柱长后，顺序离开色谱柱进入检测器，经检测后转换为电信号送至数据处理工作站，从而完成了对被测物质的定性定量分析。由于样品在气相中传递速度快，因此样品组分在流动相和固定相之间可以瞬间地达到平衡。另外加上可选作固定相的物质很多，因此气相色谱法是一个分析速度快和分离效率高的分离分析方法。近年来采用高灵敏选择性检测器，使得它又具有分析灵敏度高、应用范围广等优点。

GC 主要是利用物质的沸点、极性及吸附性质的差异来实现混合物的分离。

待分析样品在汽化室汽化后被惰性气体（即载气，也叫流动相）带入色谱柱，柱内含有液体或固体固定相，由于样品中各组分的沸点、极性或吸附性能不同，每种组分都倾向于在流动相和固定相之间形成分配或吸附平衡。但由于载气是流动的，这种平衡实际上很难建立起来。也正是由于载气的流动，使样品组分在运动中进行反复多次的分配或吸附/解吸附，结果是在载气中浓度大的组分先流出色谱柱，而在固定相中分配浓度大的组分后流出。当组分流出色谱柱后，立即进入检测器。检测器能够将样品组分的特性和含量转变为电信号，而电信号的大小与被测组分的量或浓度成正比。当将这些信号放大并记录下来时，就是气相色谱图了。

2. 基本构造

气相色谱仪（附图 3）由以下六大系统组成：气路系统、进样系统、分离系统、温控系统、检测系统、记录系统。

附图 3　气相色谱仪

（1）气路系统：气相色谱仪中的气路是一个载气连续运行的密闭管路系统。整个载气系统要求载气纯净、密闭性好、流速稳定及流速测量准确。

（2）进样系统：进样就是把气体或液体样品匀速而定量地加到色谱柱上端。

（3）分离系统：分离系统的核心是色谱柱，它的作用是将多组分样品分离为单个组分。色谱柱分为填充柱和毛细管柱两类。

（4）温度控制系统：用于控制和测量色谱柱、检测器、气化室温度，是气相色谱仪的重要组成部分。

（5）检测系统：检测器的作用是把被色谱柱分离的样品组分根据其特性和含量转化成电信号，经放大后，由记录仪记录成色谱图。

（6）信号记录或微机数据处理系统：近年来气相色谱仪主要采用色谱数据处理机。色谱数据处理机可打印记录色谱图，并能在同一张记录纸上打印出处理后的结果，如保留时间、被测组分质量分数等。

3. 操作规程

（1）开机前准备

① 根据实验要求，选择合适的色谱柱。

② 气路连接应正确无误，并打开载气检漏。

③ 信号线连接所对应的信号输入端口。

（2）开　机

① 打开所需载气气源开关，稳压阀调至 0.3～0.5 MPa，看柱前压力表有压力显示，方可开主机电源，调节气体流量至实验要求。

② 在主机控制面板上设定检测器温度、汽化室温度、柱箱温度，被测物各组分沸点范围较宽时，还需设定程序升温速率，确认无误后保存参数，开始升温。

③ 打开氢气发生器和纯净空气泵的阀门，氢气压力调至 0.3～0.4 MPa，空气压力调至 0.3～0.5 MPa，在主机气体流量控制面板上调节气体流量至实验要求；当检测器温度大于 100℃ 时，按《点火》按钮点火，并检查点火是否成功，点火成功后，待基线走稳，即可进样。

（3）关　机

关闭 FID 的氢气和空气气源，将柱温降至 50℃ 以下，关闭主机电源，关闭载气气源。关闭气源时应先关闭钢瓶总压力阀，待压力指针回零后，关闭稳压表开关，方可离开。

（4）注意事项

① 气体钢瓶总压力表示值不得低于 2 MPa。

② 必须严格检漏。

③ 严禁无载气气压时打开电源。

四、高效液相色谱仪

高效液相色谱（High Performance Liquid Chromatography，HPLC）是指流动相为液体的技术。早期的液相色谱（经典液相色谱）是将小体积的试液注入色谱柱上部，然后用洗脱液（流动相）洗脱。这种经典色谱法，流动相依靠自身的重力穿过色谱柱，柱效差（固定相颗粒不能太小），分离时间很长。

20世纪70年代初期发展起来的高效液相色谱法，克服了经典液相色谱法柱效低，分离时间很长的缺点。成为一种高效、快速的分离技术。高效液相色谱法是在经典色谱法的基础上，引用了气相色谱的理论，在技术上，流动相改为高压输送（最高输送压力可达 $4.9 \times 10^7 Pa$）；色谱柱是以特殊的方法用小粒径的填料填充而成，从而使柱效大大高于经典液相色谱（每米塔板数可达几万或几十万）；同时柱后连有高灵敏度的检测器，可对流出物进行连续检测。

1. 工作原理

高效液相色谱仪（附图4）的系统由储液器、泵、进样器、色谱柱、检测器、记录仪等几部分组成。储液器中的流动相被高压泵打入系统，样品溶液经进样器进入流动相，被流动相载入色谱柱（固定相）内，由于样品溶液中的各组分在两相中具有不同的分配系数，在两相中作相对运动时，经过反复多次的吸附—解吸的分配过程，各组分在移动速度上产生较大的差别，被分离成单个组分依次从柱内流出，通过检测器时，样品浓度被转换成电信号传送到记录仪，数据以图谱形式打印出来。

附图4　高效液相色谱仪

2. 特　点

（1）高压：液相色谱法以液体为流动相（称为载液），液体流经色谱柱，受到阻力较大，为了迅速地通过色谱柱，必须对载液施加高压。一般可达 $(150 \sim 350) \times 10^5$ Pa。

（2）高速：流动相在柱内的流速较经典色谱快得多，一般可达 $1 \sim 10$ mL/min。高效液相色谱法所需的分析时间较之经典液相色谱法少得多，一般少于 1 h。

（3）高效：近来研究出许多新型固定相，使分离效率大大提高。

（4）高灵敏度：高效液相色谱已广泛采用高灵敏度的检测器，进一步提高了分析的灵敏度。如荧光检测器灵敏度可达 10^{-9} g/mL。另外，用样量小，一般只有几个微升。

（5）适应范围宽：气相色谱法与高效液相色谱法的比较：气相色谱法虽具有分离能力好，灵敏度高，分析速度快，操作方便等优点，但是受技术条件的限制，沸点太高的物质或热稳定性差的物质都难于应用气相色谱法进行分析。而高效液相色谱法，只要求试样能制成溶液，而不需要气化，因此不受试样挥发性的限制。对于高沸点、热稳定性差、相对分子量大（大于400）的有机物（这些物质几乎占有机物总数的 $75\% \sim 80\%$）原则上都可应用高效液相色谱法来进行分离、分析。据统计，在已知化合物中，能用气相色谱分析的约占 20%，而能用液相色谱分析的占 $70\% \sim 80\%$。

3. 操作步骤

（1）滤流动动相，根据需要选择不同的滤膜。

（2）对抽滤后的流动相进行超声脱气 $10 \sim 20$ min。

（3）打开 HPLC 工作站（包括计算机软件和色谱仪），连接好流动相管道，连接检测系统。

（4）进入 HPLC 控制界面主菜单，点击 manual，进入手动菜单。

（5）有一段时间没用，或者换了新的流动相，需要先冲洗泵和进样阀。冲洗泵，直接在泵的出水口，用针头抽取。冲洗进样阀，需要在 manual 菜单下，先点击 purge，再点击 start，冲洗时速度不要超过 10 mL/min。

（6）调节流量，初次使用新的流动相，可以先试一下压力，流速越大，压力越大，一般不要超过 2 000。点击 injure，选用合适的流速，点击 on，走基线，观察基线的情况。

（7）设计走样方法。点击 file，选取 select users and methods，可以选取现有的各种走样方法。若需建立一个新的方法，点击 new method。选取需要的配件，包括进样阀，泵，检测器等，根据需要而不同。选完后，点击 protocol。一个完整的走样方法需要包括：a. 进样前的稳流，一般 2~5 min；b. 基线归零；c.进样阀的 loading-inject 转换；d.走样时间，随不同的样品而不同。

（8）进样和进样后操作。选定走样方法，点击 start。进样，所有的样品均需过滤。方法走完后，点击 postrun，可记录数据和做标记等。全部样品走完后，再用上面的方法走一段基线，洗掉剩余物。

（9）关机时，先关计算机，再关液相色谱。

（10）登记。

4. 应　　用

高效液相色谱法只要求样品能制成溶液，不受样品挥发性的限制，流动相可选择的范围宽，固定相的种类繁多，因而可以分离热不稳定和非挥发性的、离解的和非离解的以及各种分子量范围的物质。

与试样预处理技术相配合，HPLC 所达到的高分辨率和高灵敏度，使同时分离和测定性质上十分相近的物质成为可能，能够分离复杂相体中的微量成分。随着固定相的发展，有可能在充分保持生化物质活性不变的条件下完成其分离。

HPLC 成为解决生化分析问题最有前途的方法。由于 HPLC 具有高分辨率、高灵敏度、速度快、色谱柱可反复利用、流出组分易收集等优点，因而被广泛应用到生物化学、食品分析、医药研究、环境分析、无机分析等各种领域。高效液相色谱仪与结构仪器的联用是一个重要的发展方向。

五、气-质联用仪（GC-MS）

质谱法可以进行有效的定性分析，但对复杂有机化合物的分析就显得无能为力；而色谱法对有机化合物是一种有效的分离分析方法，特别适合于进行有机化合物的定量分析，但定性分析则比较困难。因此，这两者的有效结合必将为化学家及生物化学家提供一个进行复杂有机化合物高效的定性、定量分析工具。像这种将两种或两种以上方法结合起来的技术称之为联用技术，将气相色谱仪和质谱仪联合起来使用的仪器叫作气-质联用仪。

1. 基本结构

气质联用仪（附图 5）主要包括以下几个部分：气相色谱仪、气质接口、质谱仪（包括离子源、质量分析器、检测器）、数据采集及处理系统。其中，质谱部分必须处于真空系统中。

（1）气相色谱仪

气相色谱仪可以看做是质谱仪的进样系统，它的作用是将待测样品进行分离后再导入质谱进行检测。不但满足了质谱分析对样品单一性的要求，对于质谱的进样量还能有效控制，也减少了质谱仪的污染，极大地提高了对混合物的分离、定性、定量分析效率。

（2）气质接口

气质接口是 GC 到 MS 的连接部件。最常见的连接方式是直接连接法，毛细管色谱柱直接导入质谱仪，使用石墨垫圈密封（85%Vespel + 15%石墨），接口必须加热，防止分离的组分冷凝，接口温度设置一般为气相色谱程序升温最高值。

（3）质谱仪

质谱仪既是一种通用型的检测器，又是有选择性的检测器。它是在离子源部分将样品分子电离，形成离子和碎片离子，再通过质量分析器按照质荷比的不同进行分离，最后在检测器部分产生信号，并放大、记录得到质谱图。

离子源：气质联用仪的离子源主要有电子轰击离子源（EI）和化学电离源（CI）。EI 源是最早也是应用最广泛的一种电离方式，由灯丝发射电子将气化的样品分子电离，产生丰富的碎片离子。其特点是稳定可靠，能获得丰富的结构信息，在 70eV 下可获得类似"指纹图谱"，有标准质谱图可以检索，是气质联用仪的标准配置。CI 源相对 EI 源是一种"软电离"方式，需要反应气（常用甲烷、异丁烷、氨气等），灯丝发射的电子先将反应气电离产生反应离子，这些反应离子再与样品分子发生离子-分子反应，实现样品分子电离。由于电离能量大大降低，可获得分子离子峰，是获得分子量信息的重要手段，某些电负性较强的化合物（卤素及含氮、氧化合物），采用 CI 方式选择负离子，不仅选择性好，灵敏度也会提高。

质量分析器：质谱的质量分析器有多种类型，如四极杆质量分析器、离子阱质量分析器、飞行时间质量分析器、扇形磁场质量分析器，另外还有各种串级质谱。在气质联用仪中，应用最多的是四极杆质量分析器。

四极杆质量分析器：是由四根严格平行并与中心轴等间隔的圆形柱形或双曲面柱状电极构成的正、负两组电极，其上施加直流和射频电压，产生一动态电场即四极场。离子在四极场的运动轨迹由典型的马绍（Mathieu）方程解确定，满足方程稳定解的即有稳定振荡的离子才能通过四极场。精确地控制四极电压变化，使一定质荷比的离子通过正、负电极形成的动态电场到达检测器，对应于电压变化的每个瞬间，只有一种质荷比的离子能通过。四极杆质量分析器有全扫描（Scan）和选择离子扫描（SIM）两种不同的扫描模式，Scan 模式扫描的质量范围覆盖被测化合物的分子离子和碎片离子的质量，可获得化合物的全谱，用于谱库检索定性，一般在未知化合物的定性分析时采用；SIM 模式仅跳跃式地扫描某几个选定的质量，得不到化合物的全谱，但灵敏度有所提高，主要用于已知目标化合物检测。

检测器：检测器的功能是接受由质量分析器分离的样品离子，进行离子计数并转化成电信号放大输出，由数据系统采集处理，最终得到按不同质荷比排列和对应离子丰度的质谱图。一般为电子倍增器或光电倍增管。

真空系统：由于质谱仪必须在真空条件下才能工作，因此真空度的好坏直接影响了气质联用仪的性能。一般真空系统由两级真空组成，前级真空泵和高真空泵。前级真空泵的主要作用是给高真空泵提供一个运行的环境，一般为机械旋片泵。高真空泵主要有油扩散泵和涡轮分子泵，目前主要应用的是涡轮分子泵。

2. 应　用

气质联用仪结合了气相色谱（GC）和质谱（MS）两者的优势，具有 GC 的高分辨率和质谱的高灵敏度，同时具备 GC 的高分离效率和 MS 强大的定性定量能力，适合于低分子化合物（分子量<1000）分析，尤其适合于挥发性成分的分析。广泛应用于复杂组分的分离与鉴定中，是石油化工、农残检测、香料香精、生物样品中药物与代谢物定性定量等复杂分析的有效工具。

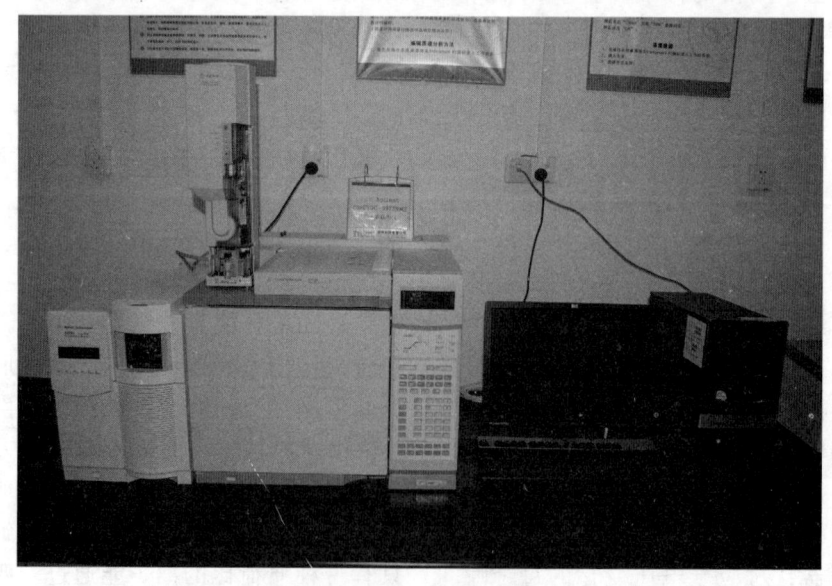

附图 5　气质联用仪

六、核磁共振仪（NMR）

核磁共振仪是利用不同元素原子核性质的差异分析物质的磁学式分析仪器。这种仪器广泛用于化合物的结构测定，定量分析和动物学研究等方面。它与紫外、红外、质谱和元素分析等技术配合，是研究测定有机和无机化合物的重要工具。

核磁共振技术是 20 世纪 50 年代中期开始应用于有机化学领域，并不断发展成为有机物结构分析的最有用的工具之一。它可以解决有机领域中的以下问题：

（1）结构测定或确定，一定条件下可测定构型和构象。
（2）化合物的纯度检查。
（3）混合物分析，主要信号不重叠时，可测定混合物中各组分的比例。
（4）质子交换、单键旋转、环的转化等化学变化速度的测定及动力学研究。

NMR 的优点是：能分析物质分子的空间构型，测定时不破坏样品，信息精密准确。

NMR 通常与 IR 并用，与 MS、UV 及化学分析方法等配合解决有机物的结构问题，还广泛应用于生化、医学、石油、物理化学等方面的分析鉴定及对微观结构的研究。

1. 工作原理

核磁共振（简称为 NMR）是指处于外磁场中的物质原子核系统受到相应频率（兆赫数量级的射频）的电磁波作用时，在其磁能级之间发生的共振跃迁现象。检测电磁波被吸收的情况就可以得到核磁共振波谱。因此，就本质而言，核磁共振波谱是物质与电磁波相互作用而产生的，属于吸收光谱（波谱）范畴。根据核磁共振波谱图上共振峰的位置、强度和精细结构可以研究分子结构。

原子核除具有电荷和质量外，约有半数以上的元素的原子核还能自旋。由于原子核是带正电荷的粒子，它自旋就会产生一个小磁场。具有自旋的原子核处于一个均匀的固定磁场中，它们就会发生相互作用，结果会使原子核的自旋轴沿磁场中的环形轨道运动[附图 6（a）]，这种运动称为进动。自旋核的进动频率 ω_0 与外加磁场强度 H_0 成正比，即 $\omega_0 = \gamma H_0$，式中 γ 为旋磁比，是一个以不同原子核为特征的常数，即不同的原子核各有其固有的旋磁比 γ，这就是利用核磁共振波谱仪进行定性分析的依据。从上式可以看出，如果自旋核处于一个磁场强度 H_0 的固定磁场中，设法测出其进动频率 ω_0，就可以求出旋磁比 γ，从而达到定性分析的目的。同时，还可以保持 ω_0 不变，测量 H_0，求出γ，实现定性分析。核磁共振波谱仪就是在这一基础上，利用核磁共振的原理进行测量的（附图6）。

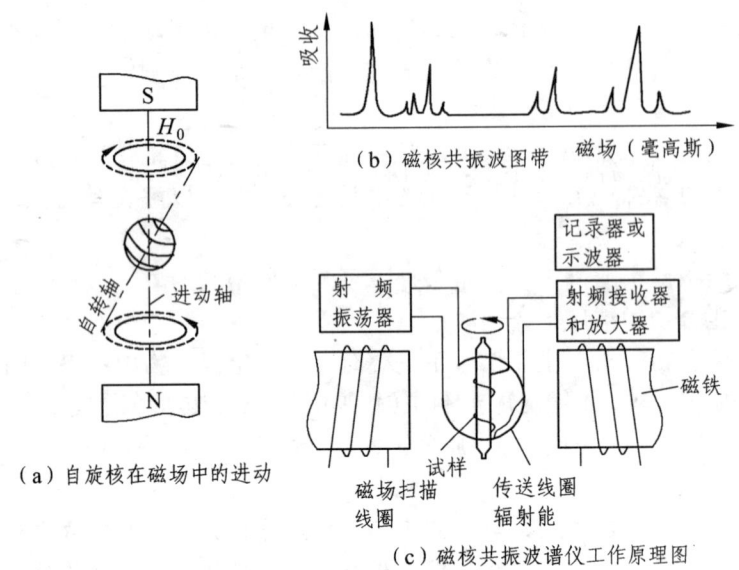

(a) 自旋核在磁场中的进动
(b) 磁核共振波图带
(c) 磁核共振波谱仪工作原理图

附图6　核磁共振波谱仪

如果有一束频率为ω的电磁辐射照射自旋核，当$\omega = \omega_0$时，则自旋核将吸收其辐射能而产生共振，即所谓核磁共振。吸收能量的大小取决于核的多少。这一事实，除为测量γ提供途径外，也为定量分析提供了根据。具体的实现方法是：在固定磁场H_0上附加一个可变的磁场。两者叠加的结果使有效磁场在一定范围内变化，即H_0在一定范围内可变。另置一能量和频率稳定的射频源，它的电磁辐射照射在处于磁场中的样品上，并用射频接收器测量经样品吸收后的射频辐射能。在样品无吸收时，则接收的能量为一定值；如果有吸收，就会给出一个能量吸收信号。但吸收的条件必须是射频的频率$\omega = \omega_0$。射频的频率是固定的，要使具有不同γ值的不同原子核都能吸收辐射能，就只有改变H_0，使不同的自旋核在相应的某一特定的H_0时具有相同的并与射频频率相等的进动频率，即$\omega = \omega_0$。这样，不同的自旋核都可以在某一特征的磁场强度下吸收射频辐射能而产生核磁共振。因此，用改变磁场强度的方法进行扫描，接收器就可以给出一系列的以磁场强度（实际上是以旋磁比）为特征的吸收信号。以磁场强度为横坐标，以吸收能量为纵坐标绘出的曲线就是核磁共振波谱图[附图6(b)]。其中横坐标就是定性分析所依据的参数，纵坐标对应于不同H_0的出峰面积就是定量分析参数。

附图6(c)是核磁共振波谱仪的原理图。核磁共振波谱仪主要由五个部分组成：

(1)磁铁：它的作用是提供一个稳定的高强度磁场，即 H_0。

(2)扫描发生器：在一对磁极上绕制的一组磁场扫描线圈，用以产生一个附加的可变磁场，叠加在固定磁场上，使有效磁场强度可变，以实现磁场强度扫描。

(3)射频振荡器：它提供一束固定频率的电磁辐射，用以照射样品。

(4)吸收信号检测器和记录仪：检测器的接收线圈绕在试样管周围。当某种核的进动频率与射频频率匹配而吸收射频能量产生核磁共振时，便会产生一信号。记录仪自动描记图谱，即核磁共振波谱。

(5)试样管：直径为数毫米的玻璃管，样品装在其中，固定在磁场中的某一确定位置。整个试样探头是迅速旋转的，以减少磁场不均匀的影响。

核磁共振谱中，共振峰下面的面积与产生峰的质子数成正比，因此峰面积比即为不同类型质子数目的相对比值，若知道整个分子中的质子数，即可从峰面积的比例关系算出各组磁等价质子的具体数目。核磁共振仪(附图7)用电子积分仪来测量峰的面积，在谱图上从低场到高场用连续阶梯积分曲线来表示。积分曲线的总高度与分子中的总质子数目成正比，各个峰的阶梯曲线高度与该峰面积成正比，即与产生该吸收峰的质子数成正比。各个峰面积的相对 积分值也可以在谱图上直接用数字显示出来,如果将含一个质子的峰的面积指定为1，则图谱上的数字与质子的数目相符。

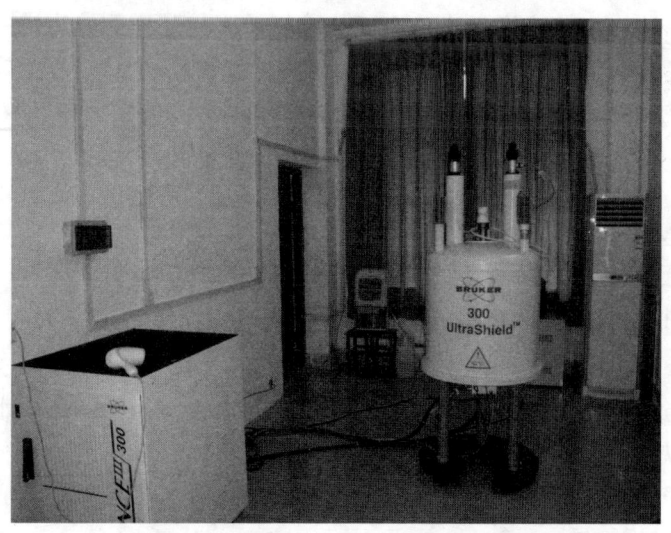

附图7　布鲁克300兆核磁共振仪

2. 样品的制备

用于测定核磁共振谱的样品必须是纯样品，用量一般在 20～50 mg，如果样品的分子量较大（500 以上），或仪器的分辨率较低，在样品又相对比较容易得到的情况下，则可适当再多加一些样品以缩短测试时间。

样品一般装在内径为 5 mm，长为 200～250 mm，配有塑料塞子的核磁试样管中，然后用 0.5～0.8 mL 左右的氘代试剂溶解。常用的氘代试剂有 $CDCl_3$、CD_3SOCD_3、CD_3COCD_3、CD_3OD 及 D_2O 等。商品化的氘代试剂中一般都加了内标物 TMS，其含量一般为 1%～4%。样品准备好，并按要求写好样品编号、注明溶剂的种类后，即可交由专门的仪器操作人员进行测试，或是在其指导下进行测试。

3. ^1H 核磁共振图谱的剖析

^1H 核磁共振图谱提供了积分曲线、化学位移、峰形及耦合常数等信息。图谱的剖析就是合理地分析这些信息，正确地推导出与图谱相对应的化合物的结构。通常采用如下步骤。

（1）标识杂质峰。在 ^1H-NMR 谱中，经常会出现与化合物无关的杂质峰，在剖析图谱前，应先将它们标出。最常见的杂质峰是溶剂峰，样品中未除尽的溶剂及测定用的氘代试剂中夹杂的非氘代溶剂都会产生溶剂峰。

还有两个需要标识的峰是旋转边峰和 ^{13}C 同位素边峰。在 ^1H-NMR 测定时，旋转的样品管会产生不均匀的磁场，导致在主峰两侧产生对称的小峰，这一对小峰称为旋转边峰，旋转边峰与主峰的距离随样品管旋转速度的改变而改变。在调节合适的仪器中旋转边峰可消除。^{13}C 与 ^1H 能发生耦合并产生裂分峰，这对裂分峰称为 ^{13}C 同位素边峰。由于 ^{13}C 的自然丰度仅为 1.1%，只有在浓度很大或图谱放大时才会发现 ^{13}C 同位素边峰。

（2）根据积分曲线计算各组峰的相应质子数，若图谱中已直接标出质子数，则此步骤可省。

（3）根据峰的化学位移确定它们的归属。

（4）根据峰的形状和耦合常数确定基团之间的互相关系。

（5）采用重水交换的方法识别活泼氢由于—OH，—NH_2，—COOH 上的活泼氢能与 D_2O 发生交换。而使活泼氢的信号消失，因此对比重水交换前后的图谱可以基本判别分子中是否含有活泼氢。

（6）综合各种分析，推断分子结构并对结论进行核对。

七、原子吸收光谱仪

原子吸收光谱仪又称原子吸收分光光度计（附图8），根据物质基态原子蒸气对特征辐射吸收的作用来进行金属元素分析。它能够灵敏可靠地测定微量或痕量元素。

1. 基本部件

原子吸收分光光度计（附图8）一般由四大部分组成，即光源（单色锐线辐射源）、试样原子化器、单色仪和数据处理系统（包括光电转换器及相应的检测装置）。

原子化器主要有两大类，即火焰原子化器和电热原子化器。火焰有多种火焰，目前普遍应用的是空气-乙炔火焰。电热原子化器普遍应用的是石墨炉原子化器，因而原子吸收分光光度计，就有火焰原子吸收分光光度计和带石墨炉的原子吸收分光光度计。前者原子化的温度在 2 100~2 400 ℃，后者在 2 900~3 000 ℃。

火焰原子吸收分光光度计，利用空气-乙炔测定的元素可达30多种，若使用氧化亚氮-乙炔火焰，测定的元素可达70多种。但氧化亚氮-乙炔火焰安全性较差，应用不普遍。空气-乙炔火焰原子吸收分光光度法，一般可检测到 PPm 级（10~6），精密度在1%左右。国产的火焰原子吸收分光光度计，都可配备各种型号的氢化物发生器（属电加热原子化器），利用氢化物发生器，可测定砷（As）、锑（Sb）、锗（Ge）、碲（Te）等元素。一般灵敏度在 ng/mL 级（10~9），相对标准偏差2%左右。汞（Hg）可用冷原子吸收法测定。

石墨炉原子吸收分光光度计，可以测定近50种元素。石墨炉法，进样量少，灵敏度高，有的元素也可以分析到 pg/mL 级。

2. 工作原理

元素在热解石墨炉中被加热原子化，成为基态原子蒸气，对空心阴极灯发射的特征辐射进行选择性吸收。在一定浓度范围内，其吸收强度与试液中被测元素的含量成正比。其定量关系可用郎伯-比耳定律，$A = -\lg I/I_0 = -\lg T = KCL$，式中 I 为透射光强度；I_0 为发射光强度；T 为透射比；L 为光通过原子化器光程（长度），每台仪器的 L 值是固定的；C 是被测样品浓度；所以 $A = KC$。

利用待测元素的共振辐射，通过其原子蒸气，测定其吸光度的装置称为原子吸收分光光度计。它有单光束，双光束，双波道，多波道等结构形式。其基本结构包括光源，原子化器，光学系统和检测系统。它主要用于痕量元素杂质的分析，具有灵敏度高及选择性好两大主要优点。广泛应用于各种气体，金属有机化合物，金属醇盐中微量元素的分析。但是测定每种元素均需要相应的空心阴极灯，这对检测工作带来不便。

3. 特 点

火焰原子化法的优点是：火焰原子化法的操作简便，重现性好，有效光程大，对大多数元素有较高灵敏度，因此应用广泛。缺点是：原子化效率低，灵敏度不够高，而且一般不能直接分析固体样品。

石墨炉原子化器的优点是：原子化效率高，在可调的高温下试样利用率达100%，灵敏度高，试样用量少，适用于难熔元素的测定。缺点是：试样组成不均匀性的影响较大，测定精密度较低，共存化合物的干扰比火焰原子化法大，干扰背景比较严重，一般都需要校正背景。

4. 应 用

原子吸收光谱分析现已广泛用于各个分析领域，主要有四个方面：理论研究，元素分析，有机物分析，金属化学形态分析。

（1）在理论研究中的应用

原子吸收可作为物理和物理化学的一种实验手段，对物质的一些基本性能进行测定和研究。电热原子化器容易做到控制蒸发过程和原子化过程，所以用它测定一些基本参数有很多优点。用电热原子化器所测定的一些有元素离开机体的活化能、气态原子扩散系数、解离能、振子强度、光谱线轮廓的变宽、溶解度、蒸气压等。

（2）在元素分析中应用

原子吸收光谱分析，由于其灵敏度高、干扰少、分析复合快速，现已广泛地应用于工业、农业、生化、地质、冶金、食品、环保等各个领域，目前原子吸收已成为金属元素分析的最有力工具之一，而且在许多领域已作为标准分析方法。原子吸收光谱分析的特点决定了它在地质和冶金分析中的重要地位，它不仅取代了许多一般的湿法化学分析，而且还与X-射线荧光分析，甚至与中子活化分析有着同等的地位。目前原子吸收法已用来测定地质样品中70多种元素，并且大部分能够达到足够的灵敏度和很好的精密度。钢铁、合金和高纯金属中多种痕量元素的分析现在也多用原子吸收法。原子吸收在食品分析中越来越广泛。食品和饮料中的20多种元素已有满意的原子吸收分析方法。生化和临床样品中必需元素和有害元素的分析现已采用原子吸收法。有关石油产品、陶瓷、农业样品、药物和涂料中金属元素的原子吸收分析的文献报道近些年来越来越多。水体和大气等环境样品的微量金属元素分析已成为原子吸收分析的重要领域之一。利用间接原子吸收法尚可测定某些非金属元素。

（3）在有机物分析中的应用

利用间接法可以测定多种有机物。8-羟基喹啉（Cu）、醇类（Cr）、醛类（Ag）、酯类（Fe）、酚类（Fe）、联乙酰（Ni）、酞酸（Cu）、脂肪胺（co）、氨基酸（Cu）、维生素C（Ni）、氨茴酸（Co）、雷米封（Cu）、甲酸奎宁（Zn）、有机酸酐（Fe）、苯甲基青霉素（Cu）、葡萄糖（Ca）、环氧化物水解酶（PbO、含卤素的有机化合物（Ag）等多种有机物，均通过与相应的金属元素之间的化学计量反应而间接测定。

（4）在金属化学形态分析中的应用

通过气相色谱和液体色谱分离然后以原子吸收光谱加以测定，可以分析同种金属元素的不同有机化合物。例如汽油中 5 种烷基铅，大气中的 5 种烷基铅、烷基硒、烷基胂、烷基锡，水体中的烷基胂、烷基铅、烷基揭、烷基汞、有机铬，生物中的烷基铅、烷基汞、有机锌、有机铜等多种金属有机化合物，均可通过不同类型的光谱原子吸收联用方式加以鉴别和测定。

附图 8　原子吸收分光光度计